建筑设计的
理论与应用实践研究

马 楠 李莎莎 胡 静 著

吉林科学技术出版社

图书在版编目（CIP）数据

建筑设计的理论与应用实践研究 / 马楠，李莎莎，
胡静著 . -- 长春 : 吉林科学技术出版社，2020.1
　　ISBN 978-7-5578-6407-1

　　Ⅰ . ①建… Ⅱ . ①马… ②李… ③胡… Ⅲ . ①建筑设
计－研究 Ⅳ . ① TU2

　　中国版本图书馆 CIP 数据核字（2019）第 300947 号

建筑设计的理论与应用实践研究

著　者	马　楠　　李莎莎　　胡　静
出版人	李　梁
责任编辑	端金香
封面设计	刘　华
制　版	王　朋
开　本	185mm×260mm
字　数	190 千字
印　张	8.5
版　次	2020 年 1 月第 1 版
印　次	2020 年 1 月第 1 次印刷
出　版	吉林科学技术出版社
发　行	吉林科学技术出版社
地　址	长春市福祉大路 5788 号出版集团 A 座
邮　编	130118

发行部电话／传真　0431—81629529　　　81629530　　　81629531
　　　　　　　　　　　　　81629532　　　81629533　　　81629534

储运部电话　0431—86059116

编辑部电话　0431—81629517

网　址	www.jlstp.net
印　刷	北京宝莲鸿图科技有限公司
书　号	ISBN 978-7-5578-6407-1
定　价	56.00 元

前　言

　　随着人们对生活质量要求的不断升高，针对建筑行业的要求也随之提高。利用先进的设计理念和方法进行建筑设计，是现阶段值得我们思考的问题。一方面建筑设计理论可以提供具体的理论指导，使后续工程施工有据可循；另一方面这些基本准则具有一定的历史性与现实意义，在完备现阶段建筑功能发挥作用的情况下还能够引导建筑发展的整体方向。

　　建筑设计理论能够反映人们对物质和精神的追求。建筑设计理论本身具有相对性和开放性，并不是一成不变的，也不是像人们说的那样具有决定性和极限性，因此讨论建筑设计理论过程中需要注意哪些准则很有必要。

　　建筑为人们提供并创造了良好的环境，同时也展示了建筑设计的主要任务。这种任务是根据人们的直观意识在建筑设计的要求中的主观表现，通过对建筑设计理论的相关学习，以满足施工过程中出现的需求和建议，并根据当前的主题调查人们对建筑使用理解和要求。人，是处在社会环境中并共同生活的群体，虽然每个人有一定的差异性，但是建设的基本思路是一样的，在许多方面都有一些相似之处。因此，做好社会调查相当重要，既能够充分了解总需求的问题，还能够找到人们的相通处。一个小城市的位置直接影响了交通区域的方向，比如住宅附近可以种植一些草坪，在布置过程中考虑房屋的位置和影响区域的气候，这样来往的车辆可以看到优美的环境，保持好的心情。

　　而设计理论的内涵是施工建设前能够做好相关的理论设计研究，并按照周围的实际环境和不同建筑的类型划分，比如餐厅、广场、住宅等。这些建筑的功能不同，所需的设计理论也不同。一般建筑设计理论包括很多方面，比如外观设计、土地面积规划、建筑内部结构和整体装修布局等；设计理论的呈现方式也有很多，可以用文本表现出来，也可以用图纸画出来。虽然理论多种多样，但是都要遵守一些准则支撑，一般设计理论要有安全性、实用性和美观性，而这些原则也可以适用于所有的建筑，因为设计本身具有普遍性和共同性。

　　综上所述，我们在时代的发展中要跟上潮流，建筑本身的复杂性，内容的广阔性和社会的需求都要以建筑可持续发展和绿色建筑为中心，并结合建筑设计理论和基本准则更好地进行施工建设。

目　录

第一章　建筑设计的基本理论

第一节　建筑设计与建筑设计合理性

本节介绍了建筑设计的概念，分析了设计合理性对建筑设计的影响，探讨了建筑设计合理性的基本原则，用合理选材、结构优化、加强关键环节设计、完善图纸设计的方法，达到了提高建筑设计合理性的目的。

一、建筑设计的概念

建筑设计具体是指在对建筑物进行建造以前，设计人员根据相关的建设任务，对施工及使用过程中存在或可能发生的问题，预先做好全面的设想，并拟定出解决问题的合理方案和有效方法，然后通过图纸和文件的形式将这些方案与方法表达出来，为建筑材料准备、施工组织设计及各工种作业时的协调配合提供依据。建筑设计的主要目的是确保工程项目在投资限额的范围内，按预定的方案顺利进行，从而使建筑物达到预期的用途，满足使用者的需要。

二、设计合理性对建筑设计的影响分析

对于建筑项目而言，设计是重中之重，而设计是否合理对整个工程项目具有一定程度的影响。首先，设计合理性会对工程造价有所影响。通常情况下，建筑造价的高低直接关系到经济效益，想要使建筑的结构设计与造价之间达到一个最佳的平衡点，就必须保证设计的合理性，大量的工程实践表明，不合理的设计会增大施工难度，由此会产生相关费用，从而导致造价提高，合理的设计可避免上述情况的发生。其次，设计合理性会严重影响建筑结构的安全性、耐久性、稳定性、抗震性、防渗性等方面。建筑工程项目的设计方案是施工过程的主要依据，所有分部分项工程及关键工序的施工都必须严格按照设计图纸的要求，并结合现场实际情况进行，如果基础的设计不合理，将会导致地基不稳，从而造成上部结构的稳定性不足；框架结构设计的不合理，结构的安全性和耐久性将会随之降低；抗震设计不合理，一旦发生地震可能会导致建筑坍塌；外部围护结构设计的不合理，则会引起建筑渗漏，从而破坏结构的使用性能。要想避免上述种种问题的发生，就必须保证建筑设计的合理性，这是非常重要的前提。

三、建筑设计合理性的基本原则

为使建筑设计达到合理性的要求，在具体的设计过程中，应当遵循以下几点原则。

（一）经济性

经济性是建筑合理性设计应遵循的基本原则之一，具体是指通过一些科学合理、切实可行的方法和措施，在不影响工程质量的前提下，最大限度地减少资源和能源的消耗，从而实现经济效益最大化的目标。

（二）集约化

我国虽然有着大量的土地资源，但是由于人口众多，导致人均土地占有率较低，而建筑需要以土地作为依托进行建设，由此导致建筑发展与土地供求形成了一定的矛盾冲突，为有效缓解这一矛盾，在建筑工程项目的设计中，应当对地下空间的开发予以充分重视，并结合旧城区改造项目，将原有的土地上的建筑拆除，设计一些高层建筑，提高建筑的容量，同时，应多使用一些节能环保的新型材料，在降低资源和能源消耗的基础上，减轻对自然环境的污染和破坏。除此之外，设计时应对水资源进行集约利用，通过污水废水净化处理、雨水回收再利用及相关的节水设施，对用水量进行有效控制。

（三）适宜性

从目前建筑工程领域中应用的各种技术来看，不同地区明显的经济差异是造成多种技术体系并存的主要原因之一。在建筑设计中，想要达到合理性的目标，就必须确保所选的技术体系切实可行，同时，还要保证建筑设计与当地的气候条件、水文地质、地形地貌等因素相适应，由此能够使设计方案达到更佳的效果，建筑全寿命周期内的能耗和物耗都会随之大幅度降低。现阶段，建筑设计与自然和气候相结合，已经成为设计的立足点，若是脱离这一实际，那么设计出来的建筑结构都是不合理的。

（四）循环再利用

建筑业的可持续发展，要求建筑工程应当能够循环再利用，即建筑产品可以初始的形式多次使用，如结构构件、照明设施、管道、各种设备等等。通常情况下，当建筑达到使用年限以后，需要进行拆除重建，在拆除的过程中，旧建筑中各种可再生的材料通过加工、合成之后，可用于新建工程，由此可以节省新材料的用量，不但能够减少资源的消耗，而且还能提高经济效益。而想要实现这一目标，就必须确保建筑设计时的合理性，具体而言，就是要合理使用可以循环再生的产品，实现建筑全寿命周期的最大效益。

四、加强建筑设计合理性的有效方法

建筑设计是一项较为复杂且系统的工作，其中涵盖的内容较多，为避免各种问题的发

生，应加强建筑设计的合理性。

（一）合理选材

在建筑工程中，材料是不可或缺的重要基础，合理选用材料除了可以提高建筑的整体质量外，还能起到优化结构的作用。在具体设计时，设计人员应当对施工环境、构件的受力特点等因素予以充分考虑，选择最适宜的建筑材料，当材料选定之后，为达到合理性的要求，应对其各项指标进行检测，以免材料因性能或质量存在问题，而对建筑结构的安全性、耐久性等方面造成影响。通过科学、合理地选材，并在设计中对材料进行优化使用，可以满足建筑的质量要求。

（二）结构优化

对于建筑工程而言，主体结构是否合理直接影响到工程的整体效果，因此，在设计结构时，应遵循科学、合理的原则，选用轻质低耗的结构体系，如轻钢网架结构、板式轻型建筑等等。同时为使建筑达到耐久性的目标，建筑的内部结构应当具有一定的可变性，其能够适应不同的功能需要，可以显著降低改造及重建的频率，有助于节约能源和资源，经济性较高。结构的可变性为后续的升级改造提供了前提条件，由此建造出来的建筑才具有可持续性。相关研究结果表明，建筑中所有的结构体系均有一个临界点，故此，在建筑合理性设计中，应在确保结构安全性的前提下，发挥出结构的最大效能。

（三）保证关键环节的设计合理

1. 配筋合理

建筑工程中，钢筋是不可或缺的重要组成部分之一，它是确保建筑结构稳定的主要材料。在对剪力墙进行设计的过程中，必须严格依据结构要求，对配筋进行设计。为使钢筋的分配更加平均，横向的钢筋可设置在外，纵向的钢筋则可设置在内。由于建筑中处于地下的结构会受到土体压力的影响，为提升墙体本身的抗侧压性能，可将纵向钢筋布设在外，横向钢筋布设在内，这样墙体的刚度也会随之增加。

2. 基础合理

地基基础的主要作用是承载建筑结构的自重，保证建筑的稳定性，对于高层建筑而言，基础设计的合理性非常重要。因此，设计人员应当在设计前，对建筑周边环境及地质条件进行全面分析，并充分考虑地下水对基础的影响，从而使地基的设计达到合理性的要求。

3. 楼板合理

楼板除了与建筑结构的安全性有关之外，还与使用性能有着一定的关联，设计楼板时，应当对比主次梁的受力情况予以考虑，并对受力较大的楼板进行单独处理，在确保楼板具有较大受力程度的基础上，减少钢筋的用量，降低工程造价。

（四）完善设计图纸

当设计人员制作好建筑工程的设计图纸后，为使设计达到合理性的要求，应当组织各方面的专家对设计图进行技术讨论，并听取水电专业设计人员的意见，对设计图中存在的不足之处进行优化改进，避免施工中出现问题，影响质量。同时，设计人员可结合现场施工人员反馈的问题，对设计图进行修改，从而满足现场施工作业的需要。

合理的设计是建筑工程项目顺利建设的前提和基础，同时也是提高建筑结构安全性、稳定性、耐久性的有效途径。鉴于此，设计人员应当在建筑工程设计中，加强设计的合理性，确保工程质量，降低造价，这对于我国建筑业的可持续发展具有重要的现实意义。

第二节　建筑设计与城市空间

随着现代城市的发展，越来越多的高楼大厦耸立在地球表面，城市的形态也愈加趋于统一，新的城市形态也从建筑单体变化到城市综合体的阶段。这种新的城市-建筑综合设计方式给了城市新的生命力。本节要探究在新的城市形态下，城市空间与建筑设计之间相辅相成的关系，以及城市形态变化的基本内容。

一、城市空间概述

（一）城市空间形态的发展

城市发展是一个大命题，其中包含有人类社会的经济，环境等内容，它是一个综合思考的人类发展的问题。我们都生活在不同的城市中，由于地域性的不同，从而导致了各式各样城市的出现。尤其是在不同城市驻留过的人，一定对不同城市的差异有很大的感触。

（二）城市空间的构成

城市被定义为人口聚集且非农业的人类聚集地。这种定义也使得城市成为一种狭义的空间，即高速发展的人类聚集区。在这个空间中，建筑被赋予了不同的含义，空地也被赋予了不同的含义，所以我们可以将城市空间分为建筑物、开敞空间和空间立面。这三样共同组成一个城市三维空间。

（三）城市规划与城市空间

城市规划是从城市整体的角度出发，统一规划居住区，商业区，公共区等，在一个大的规模上思考完善城市的总体内容，使得城市变得充实和多姿多彩。城市空间就要狭义一些，它可能是城市的某一角落，或者是城市的某一个区域，这种空间是城市的一个节点，带给城市的一种榜样作用，也是一个试验点，代表城市发展的最前沿。

二、城市建筑设计概述

（一）城市建筑形态

城市建筑有几个发展阶段，从开始的居民建筑到公共使用空间，从低层建筑到高层建筑以及超高层建筑，从平原建筑到山地建筑等。这些发展都伴随着城市发展的变化，城市脉络的细节是由各式各样的建筑构成，随着建筑技术的愈加成熟，建筑的形态也越来越多了。从以前的砖混结构到现在的框架结构、中心筒结构等，建筑的高度和表现形式都随着新的建筑技术的提升而不断变化，而城市建筑的争芳斗艳也使得城市面貌焕然一新，城市形态也悄然改变。

（二）城市建筑——高层建筑

高层建筑是现代城市的主要成就，它是成功压缩城市空间优秀典例。城市的发展随着人口的聚集会越来越庞大，高层建筑不但从人口的角度解决了城市拥挤问题，还在城市景观，城市立面的角度丰富了城市的形象。高层建筑的体量感和视觉冲击力都极大地改变了城市居民的居住感受，城市摆脱以前的拥挤的现状，高度浓缩人口和地域，使得城市面貌也为之一变。高耸入云的建筑物带给人们穿梭云间的心理感受，解放城市居民的生活、工作、活动的空间。高层建筑作为新一代城市建筑的代表，满足城市日益增长的人口需要，解决城市日益凸显的土地问题，让城市居民更加舒适的生活在城市中。

三、城市与建筑的综合设计

（一）城市 - 建筑设计理念

城市的快速发展带给人们的直观感受是日益庞大的城市范围和日新月异的城市外观，其本质是由于社会经济的发展带来的人均价值的提升。人均价值的提升代表着城市经济的快速发展。但由于人均价值的片面性，不同人价值的不均等，也带给城市不均等的发展。在城市中生成富人区，贫民区等，例如韩国首尔的江南区和加拿大的贫民窟等，这都是城市价值不均等的体现。城市的发展出现了极端化、片面化，如何从建筑的角度嵌合城市的发展，成了城市未来成长的关键。为了解决城市不均等的问题，合理规划城市的细部角落和总体规模，从同一平台合理规划建筑形态，城市与建筑从同一层面上考虑才能更完善的规划日益增长的城市面貌。

（二）城市 - 建筑综合体

城市和建筑是包含关系，一大一小，从城市的角度看建筑，可以更清晰的观察到建筑对城市的改变，从建筑的角度看城市，能更明白城市发展的未来方向，通过统一考虑城市和建筑的关系，城市 - 建筑综合体应运而生。城市综合体是一种解决城市规划不均匀问题的方法，它可以将诸多城市功能有机的结合成一个完整的综合体，解决城市规划不合理的城市现象。城市综合体有各种各样的形态以及各种不同的城市功能，这样不同形态的城市综合体可以合理地填充城市肌理。就如同将城市划分为一张完整的拼图，综合体是其中各式各样的部分，这样的城市综合体就可以很好地发挥其作用，丰富城市内容，改良城市形态，丰富城市内容。综合体主要用建筑来控制其主要形态和内容，不同形态功能的建筑造就不同样式的城市综合体，这样就将城市和建筑更紧密的结合了起来，设计城市就是设计建筑，设计建筑就是设计城市。

（三）城市－建筑综合设计

城市和建筑是两种不同量级的东西，但他们之间有许多可以关联的部分，这些部分才是城市－建筑综合设计的关键。建筑作为城市的小单元，我们可以通过建筑形态的变迁来感受城市的发展脉络，就如同将城市放在显微镜下观察一样，我们可以看到许多不容易发现的细小变化，再将这些变化同城市总体的变化结合起来，就可以更直观的感受城市的时代变化，通过记录和整理这些变化，我们可以看到，城市变化中城市建筑对它的影响。我们可以通过城市总体设计来规范建筑设计的大概范围，也可以用建筑设计在细节上展现建筑对城市的影响，它们之间共同设计的要点在于相互之间的交流和合作，通过共同设计，才可以创建一个更加完善的城市。通晓城市空间与建筑设计的相互关系，才能够合理的做到城市－建筑综合设计。

城市－建筑设计可以作为未来改善城市空间的主要手段。城市空间和建筑设计之间本身就具有关联性，我们通过探讨城市发展中城市空间与建筑设计的相互关系来知晓城市空间与建筑设计的不同点和相同点。深刻理解城市空间的设置和建筑设计的内涵，从不同角度通晓城市空间与建筑设计的关系。

第三节　住宅建筑设计

现阶段，在城镇化建设进程不断加快，国民经济不断增长的背景之下，为了迎合时代发展，满足人们不断增长的需求，对住宅建筑质量方面的要求也越来越高，因此必须要做好相关的设计工作，下面我们主要就住宅建筑设计的基本理念和相关设计要点进行简要的分析，希望能够为相关工程建设提供借鉴和参考。

国民经济水平的不但提高，在一定程度上推动了城市化的进程，所以人们对住宅建筑的要求也不再只是单纯的局限于居住上。如此一来就要求相关设计人员不断提高自身专业水平，为人们设计出高质量的住宅建筑。

一、住宅建筑设计的基本理念

（一）实用化

住宅建筑设计时，要坚持"实用化"这一设计理念，设计中满足不同的用户对于居住舒适性和环境健康性的需求。建筑设计师在设计过程中，要综合考虑多方面因素，解决好住宅内客厅、卧室、厨房、餐厅、卫生间等各个功能区域之间的相互干扰问题，达到和谐的状态，这样既满足了住户基本的实用功能，又使得整个住宅建筑赏心悦目。

（二）绿色化

为了积极响应可持续发展的基本国策，在设计住宅建筑的过程当中也必须要将绿色化充分体现出来，发展生态建筑。具体设计过程当中充分结合生态学的原理来进行，对资源进行科学、合理的利用，严禁出现资源浪费的情况，尽可能地为人们提供的美丽、健康的生活、居住环境，尽可能的实现和环境的和谐发展。

（三）细节化

在建筑行业不断进步的背景之下，在今后我国对于住宅建筑设计方面的要求也将会越来越高，将会更加看重于对细节方面的处理。这除了在住宅建筑性能以及整体布局方面有所体现外，对于细节方面的设计和处理也更为科学、合理。始终坚持以人为本，充分结合人们的真实感受来进行。住宅建筑设计的效果主要是由细节方面来进行体现的，因此在设计的过程当中，必须要充分重视对细节化的处理。

（四）个性化

由于住宅的本质就是提供给人们居住、生活的环境，所以在设计住宅建设的过程当中，必须要始终坚持"以人为本"，充分结合不同群体的要求以及建筑所在地的风土人情和地理环境因素来进行设计主题的确定。由于社会不同群体对住宅建筑的需求也各不相同，因此设计人员必须要充分考虑到个性设计，根据人们的不同需求清楚地来划分每一个房间的具体使用性能，尽可能地为人们提供一个功能齐全、布局合理的住宅环境。

二、住宅建筑设计要点

（一）筑平面图及户型优化

现阶段，在具体进行设计的过程当中，通常是分为装修设计和建筑设计两个部门来完成的。建筑设计完成了之后，进行室内装修设计，二者之间的关系属于先后型的。开发公司委托建筑设计院来进行设计工作，而室内的装修设计则由住户根据自身喜好来委托装修设计公司来进行。通常情况下，建筑设计院会较多的关注于行业建筑规范、园区整体规划以及外观造型等，但是对室内当中的人性化设计等方面研究的较少。在具体对住宅建筑的户型进行设计的过程当中只是对人们的日常所需进行了考虑，而在一定程度上忽略了住户对精装修的要求。在进行精装修设计和施工的时候，难免会出现点位以及墙体等方面的拆改等情况。如此一来就大大增加了住户的装修费用，同时也为开发商带来了无效的成本增加。优化建筑平面图和户型，需要和住户二次精装修以及地区区域情况等方面的要求相结合。在对基本的使用功能进行满足的基础上，尽可能地避免出现"无用功"，降低住户二次装修费用，减少开发商的建设成本支出，真正地做到节约型建筑。

（二）住宅小区的环境设计

在具体设计住宅建筑小区环境的过程当中，需要充分结合当地的风土人情和地理环境等对该城市的文化内涵进行充分体现，突出设计主题的个性化，住宅小区的特色化、个性化需求。就算是同一开发商所建造的小区其住宅特色也应该具有一定的差异性，严禁一味地生搬硬套。近年来，在不少住宅小区当中都充分体现了设计的特色化和个性化，比如有的小区以生态环保为主题、有的设计主题则充分了文化气息、甚至有的还加入了山水园林的设计理念，都较为成功。不但住区要表现特色，住区内住宅组团，如群落、院落，也应尽可能有各具特色的住宅群体形态、标志，尤其是大型住区。在对院落进行布置的时候要充分结合不同季节的花卉特点来进行，同时以花为名。就算是住宅小区的主题不够突出，也要在社区服务、园林设计以及建筑造型等方面突出其特色，尽可能地为人们提供一个舒适的居住环境，为城市景观增光添彩。

（三）立面造型优化设计

在正常情况下，高层住宅的立面设计不仅要跟上时代潮流，还要展现现代化，体现简洁、明快的原则，在细节中体现出精致。高层建筑的立面设计必须精心设计，以展现高品位，比如在建筑中加入大面积的挑窗、阳台等元素，更有助于人们的居住。

（四）有利于自然通风

在对住宅建筑进行设计的过程当中，要尽可能地采用自然通风，除了节省能源之外，还具有除湿降温、改善室内空气质量的优势，能够轻易地从大自然当中获取，是对室内温度进行调节的常用方法之一。就建筑设计的角度来讲，和建筑结构、气候以及四周环境等充分结合，能够对气体流体力学、风压以及热压等原理进行充分利用，对自然通风进行不断优化。

时代在进步，这在一定程度上改善了人们的生活条件，同时对于住房的要求也提高了不少。因此现阶段，在我国当中各个商业住宅建筑不断崛起。再者，人们不断对住宅的要求也不再局限于居住，更加注重与居住环境的舒适性、美观性等方面的追求，因此设计人员必须要在住宅建筑设计基本理念的指导下，对具体设计环节进行不断优化，不断推动我国建筑行业的进步和发展。

第四节　建筑设计理论中美术的应用与结合

大环境背景下，我国经济发展迅速，人们生活水平提高。许多人已经不再追求简单的衣食住行上的需要，而转移到了对生活质量和对美的追求。美术艺术是最能满足人们审美能力的学科，同时在建筑装饰中占据着重要的地位和作用。由于美术艺术中有人们喜欢的色彩和图案，因此在建筑装饰中，色彩和图案的选择都能体现人们的审美观念和水平，这是人类精神文明不断发展的结果。

进入新时代后，我国建筑行业逐渐发展起来，各种新技术在建筑行业得到广泛应用。随着我国国民经济的发展以及人民生活水平的提高，社会各界对于我国建筑领域，尤其是建筑设计当中，美术设计理念的应用方面越来越关注。在科学技术以及美术设计水平持续发展的背景下，人们对于现代建筑的要求已经不满足于功能性需求，对于审美等方面也提出了新的要求。

一、对建筑艺术的简述

建筑艺术属于实用艺术的一种，它指的是按照美的规律，运用建筑艺术独特的艺术语言，使建筑形象具有文化价值和审美价值，具有象征性和形式美，从而体现出民族性和时代感。在 2000 年前，古罗马的建筑师维特鲁威提出了建筑的三条基本原则"实用、坚固、美观"，在这三点中，美观被摆在了越来越重要的位置上，随着时代的发展，人们的物质需要得到满足，并对精神需要提出了更高的要求。世界著名华人建筑大师贝聿铭认为："建筑就是空间的感觉，建筑也是一种创造空间的艺术。"

二、建筑设计理论中美术设计的应用优势

（一）提升建筑设计的总体质量

作为我国现代化建设和发展的重要标志，现代化建筑设计的理念对于施工计划以及建设方案等方面，都具有十分重要的指导作用。现代化的建设理念是在传统的思想建设层面兴起，并且在时代发展的过程中逐步完善。现代建筑设计发展中的一项重要变革即为将现代美术设计理念融入到了建筑设计当中。此种发展模式打破了传统建筑设计的局限，充分提升了建筑设计的整体质量。同时，将多种现代化的元素融入建筑设计之中，使科学技术和人文艺术在建筑设计相互融合，使建筑项目更加符合现代人的使用需求和审美需求。

（二）增强建筑设计的科技含量

将现代化的美术设计理念融入建筑设计当中，要求建筑设计团队要充分利用现代化的技术和工具，获取行业领域中的各类信息，通过此种方式，能够对行业的动态进行判断和

分析，借助美术设计理念，对传统的建筑造型带来新的发展动力。与此同时，先进的科学技术还可以充分地提升建筑设计中美术设计的应用效果，提升建筑产品的科学技术含量。

（三）完善工作人员的设计思路

建筑美术设计是要在经过反复思考与修改之后，才能呈现出用户满意的最终效果。在实际的设计过程中，设计人员不仅要具备感性思维，还应该适当发挥理性思维，以此提高建筑美术设计的最终呈现效果。因此，设计人员必须根据实际情况，充分发挥自己的想象能力，并对具体设计进行反复调整，使呈现出来的效果尽可能接近完美，从而有效提高用户的切身体验。这也就意味着设计人员在具体的建筑美术设计中，必须加强对数字媒体艺术的运用。数字媒体艺术中的虚拟现实技术可以有效解决日常环境对设计工作的限制，有利于设计人员合理发挥自己的创造性思维与想象力。同时，虚拟现实技术的使用还可以为设计人员的理性分析提供便利，保证建筑美术设计工作的顺利进行。

三、美术艺术与建筑装饰的完美结合

（一）建筑装饰中融入传统文化

中国的建筑装饰是从欧洲发展来的，想要让建筑装饰有所发展，就要在建筑中体现本民族的文化特征，并结合现代化的建筑装饰理念，让建筑装饰在体现中国传统文化的同时，也能被大多数人所喜爱。建筑装饰元素给现代设计提供了大量的设计素材，它们具有极强的文化性特征，同时这些建筑装饰元素也与人们的生活息息相关。由于现代化城市的生活节奏逐渐加快，因此符合人们审美趣味的建筑装饰元素，能让人们在疲惫的生活中感受到一丝惬意和愉快，能够使人们达到劳逸结合的效果，从而营造出和谐的氛围。建筑装饰的目的在于能够装饰产品并点缀建筑，同时让人们获得视觉和心灵上的美感，同时也让人们感受到家的温暖。建筑装饰通过美术艺术手段对人们的审美情感表达出来。随着人们对美的追求日益提升，因此建筑装饰成了建筑的核心要素。建筑装饰包括利用建筑构建的抽象组合进行装饰，从而更好地表达建筑物的特征以及建筑师的内心想法；另外，建筑装饰中的图案和花纹也能够体系建筑独特的艺术美。由于中华民族文化源远流长、博大精深，所以，我国的建筑装饰理念应与传统文化相结合，可以从神、形、意三个角度分析，形代表建筑装饰的外表特征，而神代表着中国文化的独特之处，意指的是建筑装饰所具备的深厚的文化意蕴。

（二）建筑装饰与美术艺术的融合方式

美术艺术是当代建筑装饰的典范，同时在建筑装饰中也得到了广泛的应用，从早期的中国古典建筑到建筑园林的设计理念中，均可以体现出建筑装饰的魅力。具有中华民族传统艺术美感的建筑装饰在秦汉时期就有所体现，我国的四大神兽，青龙、白虎、玄武、朱雀等都是极为常见的装饰图案，这是我国建筑装饰与美术艺术相结合的典范。在现代化的建筑装饰中仍然试用。

（三）建筑的虚实处理

建筑在实际使用的过程中，不仅具有其本身的物质容纳功能，还具有美观欣赏功能。因此，在日常生活当中建筑物不仅要满足人们的物质生活需要，还应满足人们对其的审美需求。所以，建筑物是一种实用与美观有机结合的整体，是一种虚实结合的体现。建筑的美观性主要是通过对内部空间的构建、外部空间的艺术处理及周围建筑群体空间的合理布局来进行。其中，对于建筑的外观设计具有较大的作用。而对建筑的体形和立面的设计则是针对建筑物的体量大小、立面及细部处理等进行，使建筑能在满足相应的功能前提下，在不同程度上给人庄严、亲切、明亮等多方面的印象，使其能充分地表现出自身的表现力和感染力。

综上所述，将数字媒体艺术应用到建筑美术设计中已经成为一项重要工作。因此，相关设计人员必须充分利用数字媒体艺术，实现设计效果的展示、设计思路的完善以及设计元素的合理搭配，保证设计的质量与效果达到理想标准，促进建筑美术设计更好发展。

第五节　建筑设计理论的基本准则

随着人口数量的不断增加和经济的不断发展，建筑业得到迅速发展。建筑设计理论可以为建筑施工过程提供具体的理论指导，然而具体建造完成的建筑物是否能达到计划的标准却不一定。这是因为建筑设计理论如果没有准则的支撑很可能会出现错误，从而影响施工环节，最终影响建筑实体。因此，讨论分析建筑设计理论需要遵循哪些准则是非常必要的，准则具有普遍指导的意义。

一、建筑设计理论及准则总体介绍

（一）建筑设计理论概念介绍

建筑设计理论的内涵是指在进行某个建筑物的具体建造环节之前，需要进行相关的理论和设计研究。建筑设计理论可以按照不同的建筑类型进行分类，例如可以分为住房、餐厅、购物广场等等。这些建筑物具有不同的功能，因此也需要不同的建筑设计理论。建筑设计理论具体内容包括建筑地址的选择，建筑物土地面积规划，建筑物的外观设计，建筑结构，建筑物的内部装饰等。建筑设计理论可以通过理论文本呈现，也可以通过设计图纸来呈现。

（二）主要基本准则介绍

所谓建筑设计理论的准则，是指对建筑设计理论的衡量，衡量这些理论内容是否正确，是否科学，是否符合建筑学的规律等。从现实情况来看，许多建筑工程在按照一定的建筑设计理论进行建设时，其成果并不一定都是成功的，还有许多建筑是不合格的。原因就在于建筑设计理论没有遵循一定的准则。

尽管建筑设计理论有很多种，但是都要遵循一些普遍的准则，基本准则是理论的支撑。从规律与实际来看，建筑设计理论应遵循实用性、安全性、经济性、美观性等原则，这些原则适用于不同的建筑设计理论，具有普遍性、包容性、共通性等特点。

二、实用性是建筑设计理论需要遵循的基础准则

（一）实用性准则的具体内涵

实用性准则是建筑设计理论的基础准则，实用性是指不同种类的建筑物都应该有自己的实际使用价值，即建造结束后能够达到预定的功能和价值，能够产生一定的积极作用等。从人的角度来说，实用性是指建筑能够满足人类基本居住和其他具体活动的需求。具体举例来说，住房建筑的实用性主要体现在建筑环境、内部结构等方面。以内蒙古草原地区为例，该地早期主要发展放牧业，居住所以帐篷为主，草原环境适宜搭帐篷，且帐篷内部结构简单，具有便于迁移的特点，与粗放的放牧业相适应，具有很强的实用性。

（二）遵循实用性准则的必要性和重要性

建筑设计理论遵循实用性准则是非常必要的。从根本的建筑学规律来讲，建筑具有实际的使用功能是最基础的。在古往今来的人类发展过程中，建筑之所以被建造出来就是为了满足人们的居住需求和使用需求。这要求建筑必须具有实用性。其次，随着时代的发展和人们对生活质量要求的不断提高，建筑物的实用性范围在不断地扩大，从最基础的满足人类居住，到用餐、工作、娱乐、消费等各个方面。只有建筑设计理论遵循实用性准则，建造出来的建筑物才有实际意义，才能够满足人的需求。

（三）实用性准则的具体应用

实用性准则是普遍适用于不同的建筑设计理论的，也就是说它是各种类型的建筑设计理论的前提。具体举例来讲，在内蒙古的一个普通城市建设一套住宅小区时，为保证小区的实用性，需要考虑小区的占地面积、楼房结构、生活环境、基础设施、绿化建设等，这些都要符合当地的气候环境、地形地势、居民需求等因素。在内蒙古地区，春冬季节气候干燥，风沙天气盛行，因此小区在选址时应当选择城市地势较低，且处于盛行风下风向的位置。在建设时应在小区内部增加绿化面积，发挥绿化带防风固沙的作用。

三、安全性是建筑设计理论需要遵循的重要准则

（一）安全性准则的具体内涵

安全性准则是建筑设计相关理论中要遵循的非常重要的准则之一。安全性准则主要是指建筑物要十分坚固，能够保障建筑物内部存放的物品以及活动的人群可以免受建筑物以

外的灾害，主要是指自然灾害，有时也包括人为破坏等。

具体来说，建筑物在建造时可以抵挡的自然灾害主要包括风沙雨雪等恶劣天气。在建筑发展过程中，通过对建筑材料和建筑结构的不断改造，建筑在防止地震灾害、海啸灾害等方面也取得了一定的成果。建筑物在设计和施工时还要注意人为的问题。施工过程中技术不过关，材料不合格，工作人员偷懒等都可能导致建筑物本身存在安全问题，给使用人群增加生命和财产风险。

（二）遵循安全性准则的必要性与重要性

首先来说，人类存在世界上进行一切活动的前提就是要保护好自己的生命，生命是一切活动的前提，因此生命安全是所有领域共同倡导的话题，包括建筑行业。其次，随着经济的发展，生存的另一个条件就是要有一定的财产，因此财产安全也是非常重要的。建筑物能够满足人类居住和各种活动的需求，人类的大部分时间都在不同的建筑中度过，因此建筑设计要特别注重生命安全问题。建筑物还能够满足人类存放各种物品及财产的需求，因此建筑设计也应当注重保护人们的财产安全，在设计上防范家庭和企业财产可能出现被盗的问题。

（三）安全性准则的实际应用

安全性准则在建筑设计理论中有许多方面的应用。

①建筑设计理论在考虑选用什么类型的建筑材料和设计建筑结构时，会挑选更加坚固的材料，设计更加精确的建筑结构图纸，以防范各种自然环境灾害。

②建筑设计理论在设计规划施工环节时会对建筑队伍和技术设备加强管理，防止在施工环节出现安全问题。

③在进行建筑物的内部设计时，考虑到人为因素可能会出现意外煤气中毒和火灾发生，建筑内部一定要做好通风设施和防火设施。

四、经济性是建筑设计理论需要遵循的现实准则

（一）经济性准则的具体内涵

经济性准则是建筑设计在现实生活中需要考虑的一项非常现实的准则。当今一切活动和工作都包括在经济环境之中，都需要考虑经济成本和效益问题，在进行建筑设计时，经济准则同样无法忽略。总体来讲，经济性准则主要是指建筑设计理论要遵循建筑成本最小化、收益最大化的原则。具体来说，经济性准则是说建筑设计过程要加强成本预算管理，降低材料和人为成本，提高施工效率，从而提高经济效益。举例来说，包头某中学在进行设计时非常注重成本管理，最终实现了教育建筑资金的合理运用，避免了不必要的开支。

（二）遵循经济性准则的必要性和重要性

经济遍布于生活的各个方面，几乎全部的实体事物都可以用经济中的有关概念来衡量，建筑材料、施工费用等等都需要依靠金钱来衡量。无论是单位、企业，还是个人在建筑过程中都需要考虑经济问题。单位、企业在建筑设计和施工时，要考虑成本是否降到最低，以在经营活动中收获最大的经济效益。个人在建造家庭住房时，也要基于自身的经济条件，在能够承受的经济范围之内实现自己的住房需求。建筑设计理论遵循经济性原则有利于使建筑这项活动更加与现实经济条件相适应，有利于降低建筑工程的施工难度。

（三）经济性准则的实际应用

经济性准则在建筑设计理论中有很多实际的体现。设计人员在进行建筑设计时会根据自身或企业的经济条件来设计，避免出现太大、太空、太难等情况，导致最后难以实现。前几年，陕西某城市就曾出现过一个失败的例子。陕西某企业在建筑一批高档别墅前，在设计环节对经济观念不明确，忽视了经济条件的限制，成本太高，资金链运转不流畅，最终该企业在建筑工程进行到一半时，整个生产活动很难维持下去，企业破产倒闭。

五、美观性是建筑设计理论需要遵循的提升准则

（一）美观性准则的具体内涵

美观性准则强调设计人员在进行建筑设计时，不仅要注重建筑物的外观美丽，线条流畅，还要重视建筑内部的装修，使之风格具有特色，同时建筑物还要与周围的环境相协调，从而达到美观的效果。美观性准则具有开放性、阶段性等特点，也就是说美观性准则并不是一成不变的，它是随着时代的变化而变化的。举例来说，在我国古代，亭台楼阁是时代大众所追求的美观；而到了现代，高楼大厦有秩序地排列，穿插着绿化环境是美观。在中国，人们追求庭院式的建筑，而在西方国家，普遍认为城堡式的建筑更美观。

（二）遵循美观性准则的原因分析

美观性准则是建立在一定的物质基础之上的。当经济发展到一定水平，人们生活质量提高到一定程度后，人们在建筑层面对美的追求也有了很大的提升。在人类发展的初期，即农业发展阶段，温饱问题还得不到解决，根本无暇顾及是否美观的问题。也就是说，美观是比生存更高一个层次的追求。建筑美观是人类对好的事物的一种向往，有利于使人们生活得更加舒适，更加开心快乐。同时建筑美观有利于建设生活环境优美宜人的城市。

（三）美观性准则的实际应用

美观性准则在建筑设计方面有 3 个方面的体现。

①建筑物的外观追求美观。举例来说，内蒙古大学图书馆的外观具有艺术性和美感度，它在设计上体现了中西方建筑外观设计理念的融合。

②建筑物内部装修有特色和风格。在现代住宅中，人们越来越注重将自己的家装修得漂亮有风格，让生活环境更加舒适宜人。

③建筑物追求与外在环境的融合统一。城市是一个整体，其中的建筑是部分，建筑物的风格与城市整体的风格相符合有利于提升城市的美感。

综上分析，可以知道建筑设计理论需要遵循4个基本准则，分别是实用性、安全性、经济性和美观性。这四个准则对建筑设计理论具有普遍指导的意义，是评价建筑设计理论是否科学合理的重要依据。

第六节　建筑设计项目管理理论方法

随着我国经济的增长，建筑业也在蓬勃的发展，并逐渐成为我国经济发展的核心内容。在建筑工程中，建筑设计的作用力极大，占有非常重要的地位，建筑设计决定了建筑工程质量和工程项目的成功，因此对建筑设计项目的要求越来越高。本节分析了我国建筑设计项目中现有的问题，并探讨项目管理的方法。

对建筑行业来说，建筑工程中建筑设计是非常重要不可缺少的组成部分，对整个建筑工程乃至建筑业的健康良好发展起着至关重要的作用，所以，必须加强对建筑设计项目管理理论方法进行分析探讨。

随着我国社会经济发展，国民的生活水平得到了很大提升，越来越多的人开始追逐更好的生活品质。建筑工程与人们的生活与工作密切相关，建筑工程质量的好坏直接关系着人们生活品质的提升。为了更好地满足人们的需求，建筑设计单位必须要加强对建筑工程设计项目的管理。

一、建筑设计项目管理的特点

分析建筑设计项目管理当前的发展情况发现，其已经具备了项目及项目管理的开放性、临时性及目的性等特点，并且其还表现出一些独有的特点，具体表现如下：

（一）以建筑设计项目为对象

建筑设计项目属于一种任务系统，它是由一系列服务于建筑工程的设计任务组成的，其目的是运用项目管理的理论和方法更好的实现建筑设计的目标。

（二）以系统工程管理师思想为基础

建筑设计项目管理要求将设计项目看成一个完整的系统，根据系统理论"整体 - 分解 - 综合"的原理，将设计项目分成若干个设计单元由专业人士分别完成，然后汇总最终结果，同时对整个设计项目进行综合管理，充分考虑个专业间的协调与控制，保证目标的最优化实现。

（三）组织具有特殊性

组织具有特殊性，建筑设计本身作为建筑工程的一个组织单元，项目进程中不仅要围绕建筑设计来组织资源，还要与建筑工程进行协调，行使建筑设计的使命，并且设计项目的组织是临时性的，当设计项目终结时，组织的使命完成，组织将会解散。

（四）以目标管理作为管理方式

建筑设计项目管理是一个多层次的目标管理的组合，涉及的专业较多，必须综合协调时间、费用、使用功能等。

二、强化建筑设计管理的重要性

所谓的建筑设计管理具体是指以建筑设计项目为对象，以系统管理的方法为基础，以临时组建的专业性设计团队为核心，以实现设计项目全过程的整合为目标，对建筑设计进行的综合协调与优化的过程。强化建筑设计管理的重要性主要体现在以下两个方面上：

（一）有利于降低工程造价

通过研究过往建筑工程项目发现，在工程全寿命费用中设计费用只占 1% 左右，但其对工程整体投资的影响却高达 75% 以上，且对于单项工程设计来说，结构方案和建材的选用对投资也存在重要影响。有资料显示，在同等条件下，技术性和经济性更合理的设计可为工程总体节约 5%-10% 左右，最高可达 20%。因此，应强化设计管理，增强设计管理有效性，进一步提高设计的经济性和技术性。

（二）有利于提高建筑工程整体质量

有资料显示，在建筑工程，由于设计责任造成的质量事故约占总事故的 39.9%。有些建筑工程项目因为缺乏合理的设计，致使建筑各方面功能设置不合理，严重影响了正常使用；有些工程设计图纸不达标，专业设计之间配合不协调，导致施工过程中经常出现返工或是停工的情况，这些都与设计有着密不可分的联系。为此，想要提高建筑工程的整体质量，就必须确保设计质量，强化设计管理则是保证设计质量最为有效的途径。

三、我国建筑设计项目管理存在的问题

设计管理的落后是我国当前建筑设计项目管理中存在的主要问题，而造成这个问题的原因主要是因为建筑缺乏设计管理。一些企业或者部门对设计工程没有进行统一的管理工作，无法达到最初制定的标准，再加上建筑设计项目管理人员不具备专业水平、专业能力差等因素。部分建筑企业都是聘请设计师进行设计，设计完成后交于领导审批，这种形式会导致一些优质的设计无法突出，无法挥发出价值，只能死板的存在图纸中。当前建筑设计中没有制定并实施科学合理的管理模式，致使管理人员在管理过程中拎不清与承包制的

关系。由于没有加强管理人员的责任意识，将项目管理工作渐渐流于形式。项目管理体系不健全不完善，这些因素都会影响项目管理发挥的作用。

四、建筑设计项目管理的有效方法

（一）建筑设计项目管理人力配置管理

第一点，在建筑设计项目管理中的人员配置上要注意遵循人事匹配的原则。由于建筑设计项目过程内容烦琐的，不同岗位任务不同，存在着一定的差异，所以人员的整体素质和数量等方面要考虑进建筑设计项目管理的人力资源的配置上，专业性较强的岗位要配置专业水平高的人员，数量也要在合理范围，使其在岗位上发挥最大的价值。第二点，优化人力资源。要将建筑设计项目的各个岗位进行分析，科学合理安排人员，让员工积极参与到设计项目过程中，保质保量地完成项目设计任务。

（二）设计品质的管理

建筑工程中设计品质对整个工程项目的质量起着决定性的作用。其设计质量的优差标准主要从三个方面来认定。第一个方面是从法规的角度看，判定设计是否能通过我国相关法律法规的审核。设计管理人员从设计之初到设计完工后必须全权参与，从接到业主的设计需求传达到设计人员处，设计完工后根据国家的相关法律法规进行严格的审查，使其符合要求，满足业主的需要。第二个方面是从工程造价的角度看，设计时要根据每个项目的投资预算来确定造价控制在哪个程度，可以将技术、经济相结合等多种形式达到合理控制项目造价的目的。第三个方面是设计质量，随着生活水平的不断提升，人们对建筑的要求越来越高，质量要求当然不在话下，因此，我国必须在建筑设计质量控制体系的完善方面加强重视，从根本上有效防止建筑设计不合理的现象，从而提升我国建筑工程的质量与效益。

（三）工程项目设计人员的管理

设计人员的管理是整个项目设计管理中最基础最核心的管理内容，所以对管理人员的综合素质要求极高。目前，我国建筑工程项目设计人员中还存在着一些专业技术不过关的人员鱼目混珠的问题，从根源上影响工程设计管理的质量以及设计质量。因此，提升设计管理人员的综合素质就显得尤为重要了，从而避免因为专业技术出现问题。由项目负责人担任检查建设项目设计的质量的工作，所以项目负责人是工程建设中的核心人物，其任务较为繁重。在管理过程中，项目负责人要将各个环节的工作内容进行科学合理的分配，通过各种形式激发建设项目人员的积极性和对工作的热情。同时，还要加强对项目组其他工作人员进行培训和学习，学习并掌握更多的专业知识，强化专业技能，提升工作人员的综合素质。有了高素质高能力的队伍，才能有效保障建设项目工程的质量。

（四）设计进度的管理

主要有两个方面，一是一个优秀的建筑企业难以避免项目资源多的现象，当同时出现多个项目设计的时候，不可能对每个项目拥有相同的优先级，所以必须进行合理的调整。分配优先级可以根据项目设计任务的交付时间和需要的总周期。二是设计的变更控制，关系着工程的进度和质量。有效把控设计过程中出现的变更设计现象，才能保证在规定时间内完成设计，并能有效控制造价。设计管理部门对于需要变更的设计要与原设计进行仔细的分析和比较，减少变更内容或者防止出现不必要的变更。对于必须变更的设计要加快速度完成，减少损失。

（五）建筑设计的成本管理

为了保证企业最终获得的收益与预期期望值相差不大，在建设设计过程中，建设设计成本的控制是至关重要的。在我国蓬勃的经济条件下，科技创新是竞争者们最大的竞争武器，建筑设计项目中也需要加大科技的投入，使设计方案不断得到创新，从而使项目成本控制在合理范围内，有效防止不必要的浪费。在此，就需要建立并落实有效的设计造价管理制度，领导带动员工积极履行，使之发挥出重要作用。除此之外，还应该建立员工奖惩制度，激发员工的工作积极性，提高工作效率。

综上所述，建筑设计项目管理在整个建筑工程管理中的作用极大，因此我们必须积极研究探讨建筑设计项目管理理论方法和应用，强化建筑工程设计项目管理的质量，保障建筑工程的质量和效率。

第七节　可拓建筑设计创新理论与方法

可拓建筑设计的创新是在可拓学的基础上进行的，它将创新的新研究方向与建筑结合起来。通过对建筑设计创新要素的分析，建筑设计创新引用了建筑设计创新中的可拓学理论。充分利用可拓学思维的特点，结合可拓建筑设计创新理论，构建可拓建筑设计创新方法。本节简要介绍了可拓建筑设计创新的理论，提出了可拓建筑设计创新的三种方法，可为深入研究可拓建筑设计创新提供参考。

可拓学是可拓体系结构设计创新的基本理论。可拓学认为，所有的建筑设计方案并不是最完美的，并从某些方面必须得到改善。因此，延伸建筑设计的创新要求，建筑行业拓展设计思维，发现建筑设计的不足，使我国建筑行业的建筑设计更加完善。建筑设计创新的意识越来越强烈。将可拓学理论应用到建筑设计创新中，可以有效地提高创新效率，解决建筑设计过程中的诸多矛盾，为建筑设计的创新提供更多的理论依据。

一、可拓建筑设计创新与方法的研究意义

（一）促进三个交叉学科产生新的学科增长点

在进行建筑设计的创新时，我们可以将可拓性引入其中，可以有效地丰富创新的理论体系。在理论创新的过程中，我们可以以可拓学为基础，充分发挥理性思考的组成，为建筑设计的创新铺平一条新路，并能大大提高中国建设行业研究理论和方法的创新。扩展在促进建筑设计创新的同时，也间接拓展了可拓学和创新研究领域，促进了三个学科的交叉发展。

（二）完善建筑设计创新的方法论体系

扩展架构设计的创新是基于理性主义的。通过静态方法与动态方法的结合，将内部关系与需要检查的事物之间的关系重新组合在一起，构建方法与系统，形成稳定的平方律理论。因此，可选择性地应用于建筑设计创新，为其创新过程提供指导。

（三）发展建筑设计创新的理性化方法

可拓学是一门建立在逻辑和数学基础上的理性学科。它可以运用模型的方法来联系事物和事物之间的关系，可以描述将要进行的事物，形成一个形式化的、定量的科学理论体系。通过这种方式，结合建筑设计创新的问题，我们将用一种更加理性的方式来看待建筑设计创新。这样就可以将环境、资源、对象和目标结合起来，形成一种非常实用、合理的创新方法。

（四）扩展建筑设计创新的思维框架

在创新的过程中，关键是思维的拓展。延伸建筑设计是整个建筑创新的科学思维方法课题。它可以使我们的创新思维更加理性，整合建筑设计中的所有因素，捕捉思维灵感，构建建筑设计的创新思维框架，实现建筑设计创新的理性思维，确保建筑设计的稳定性和科学性。

（五）奠定建筑设计创新智能化的基础

目前，中国使用的很多软件都是绘图软件或体型软件。在可拓学的基础上，为计算机软件开发提供了理论依据，建立了计算机数据库，为建筑设计创新的智能化奠定了基础。

二、可拓建筑设计的创新方法

（一）基于原型借鉴的发散法

所谓原型，就是从自然环境中找到原始材料，从自然环境中的结构元素或图形风格中吸取经验，进行建筑设计的创新。在发散思维的外延转换后，新的设计方案有了一个基于

发散方法的原型，用来描述相关的原型材料。合理利用可借鉴的创新资源，实现建筑设计创新的目标，是建筑设计创新的基本途径。其他方法是从散度法推导出来的。通过对创新目标和创新条件的分析，形成创新的新思路。在扩展架构设计的创新实践中，运用发散性分析，有必要从相似或因果关系中寻找发散的方向，尽管创新环境对建筑设计的创新有一定的限制。但从建筑的环境出发，我们也可以创造创新的想法。

（二）基于属性变换的共轭法

经分析，可拓建筑设计中的软硬、负正、虚实以及浅显事物，均具有共轭属性。且上述 4 种共轭属性是对立统一存在的，且可在固定条件下进行相互转化。因此，建筑创新设计人员就可将其作为设计控制方向，以对事物的共轭属性进行分析，具体而言，就是在更为全面认识事物的基础上，根据事物本身的优势与劣势，以满足建筑物的创新设计需求。在进行建筑实践创新设计过程中，设计人员将面临诸多复杂问题，如差异较大的设计条件、专业能力等。所以，设计人员应对建筑创新设计的失误进行共轭分析，并通过全面了解来提高特殊形状或是特定环境地段的合理设计。如此，建筑设计创新就能满足用户对其提出的多样性及可持续性需求。

（三）基于中介融通的传导法

传导效应是由一个物体的变换后使另一个物体也发生变换引起的。基于这种中间传导的建筑设计创新方法就是传导方法，当建筑设计创新中的矛盾无法直接解决时，传导变换很可能解决这一问题。传导分析无疑是提高建筑设计创新水平的有效途径。传导法在我国古代有著名的实例，宋朝的大臣丁渭在重建这座被烧毁的城市时，面临着许多问题。如大量的建筑材料和劳动力需求，以及建筑垃圾的处理，丁渭在处理这些问题上有不同的想法。在皇城大门前就地取土烧砖，它不仅解决了建筑材料和劳动力的问题，还将水引入开挖区，减轻了运输负担。工程完成后，建筑垃圾直接填埋了土壤，使城市中的土地从这个例子中恢复了原来的面貌，可以生动地感受到传导思维的实用方法。

在建筑研究的道路上，要达到发达国家的建筑研究还有很长的路要走。因此，我们的建筑不能只停留在研究上，更要注重研究方法和实际效果，找到建筑设计创新的途径。只有这样，我们才能设计出更好的建筑，让人们的生活更加舒适。

第八节　被动式建筑设计基础理论与方法

本节对被动式建筑设计基础理论与方法进行了全方位的分析，首先简要概述了实施被动式建筑设计的必要性，其次详细论述了被动式建筑设计基础理论的科学内涵，接着阐释了被动式建筑设计的目标与方法，最后笔者在结合自身多年专业理论知识与实践操作经验的基础上提出了几点建设性的有效策略，旨在促进经济的绿色可持续健康快速发展进步。

希望本节可以在一定程度上为相关的专业学者提供参考与借鉴，如有不足之处，还望批评指正。

一、实施被动式建筑设计的必要性

近年来，随着我国经济实力的迅猛发展与城市化工业化进程的显著加快，虽然取得了可观丰厚的经济利润，但是却是以牺牲自然生态环境资源为代价的，所以广大的人民群众对具有绿色环保特性的建筑需求呼声越来越高涨，被动式建筑设计在此背景下应运而生。被动式建筑设计更多地强调适应、亲近与重归自然而非战胜征服自然，它推崇在尊重自然客观物质规律的基础上充分发挥人的主观能动性，不是把建筑物当作静止孤立的建筑本体来看待，而是致力于把我国优秀的传统文化与具有鲜明代表性的地域特色融入建筑中去，统筹兼顾好水文植被与风能太阳能等外在建筑物质之间的关系，为人们营造轻松舒适的生活居住环境，进而从根本上促进我国社会经济的又好又快健康发展进步。

二、被动式建筑设计基础理论的科学内涵

（一）坚持"人类中心主义"的原则

在被动式建筑设计的基础理论中，自始至终要秉持的就是"人类中心主义"的原则，也就是以人为本，从更高层次上展示出人类的道德精神与责任意识以及无穷的聪明才智，它是人类的农耕文明、工业文明到生态文明的发展史，被动式建筑设计不仅仅强调生态环境与气候因素，更多的是关注建筑的整体功能与综合质量以及是否经济合理。另外，所谓的坚持"人类中心主义"原则还致力于从始至终为广大的人民群众营造舒适轻松、空气清新的生活居住环境空间，把居住者的实际需求放在被动式建筑设计的首位，总之，希望相关的专业设计师坚持以人为本的设计理念，促进经济的绿色环保可持续发展进步。

（二）围绕"生态中心主义"发展

被动式建筑设计师要求平等的对待自然并且尊重自然，尽可能地把对生物与环境的危害影响降低到最小化，围绕"生态中心主义"发展是整体主义的共生和谐生态自然观的体现，它更多的倡导人们对煤炭、石油等不可再生能源的摒弃而多使用清洁环保绿色能源。再者，被动式建筑设计强调自然采光的运用，充分利用建筑的侧窗、采光井、天窗与中庭的采光而把阳光直接纳入室内，把建筑的环境影响控制在生态承载力水平之内，将用水费用、能源费用与建筑设备的维修费用降低到最小化，逐步用绿色环保的建筑材料代替对水泥、钢筋、混凝土的使用，进而从根本上促进我国社会经济的又好又快健康发展进步。

三、被动式建筑设计的目标

总的来说，被动式建筑设计目标主要有以下四个目标组成：

①经济目标，从建筑全寿命周期来看，被动式建筑实际的成本比较低，可以通过最佳的设计手法来取得各个建筑要素和设计方法的最佳组合，还可以优化建筑选址与建筑物朝向；

②环境目标，逐步减少使用化石能源且减少对土地与山林的破坏，还要减少空气污染物、温室气体以及固体废物的排放，尽可能的构建社会主义生态和谐文明社会；

③社会目标，主要指人类使用、分配与保护自然资源的权利与公平性，每一代人都应该保持地球生态环境的质量，主要有代内公平与代际公平；

④功能目标，即身体的舒适，机体内热调节系统的首要任务是使人在休息时能保持体温恒定在 37.5℃，还包括动态的舒服与精神上的契合。

四、被动式建筑设计的方法

（一）整合与综合性相结合的设计方法

针对被动式建筑设计的方法来讲，最为典型突出的就是整合与综合性相结合的设计方法，它主要指的就是通过多种专业之间的配合与协作来做出对项目的全面认识与共同决策，项目的每一个利益相关者都是此目标与结果的创建者，整体设计强调的是生命周期成本而非前期成本。再者，整合与综合性相结合的设计方法以一种透明的管理制度来增强成员之间的信任度与项目的主人翁意识，避免工作相互扯皮推诿等不良现象，在降低项目投资成本的同时提升工作效率，鼓励设计人员的改革创新与优化升级，保护建筑场地的生态环境与生物多样性，做到能源效率的最优化设计，对废水与雨水实现再回收利用。

（二）传统文化继承的设计方法

被动式建筑设计中另一大常用的方法就是传承文化继承的设计方法，对待我国建筑文化要自始至终秉持"取其精华，弃其糟粕"的原则理念，维持好生态植物与建筑的动态平衡，构建错落有致的古典园林景观，可以适当程度的设置假山亭台以供观赏，做好建筑抗震性能与地热性能等方面的工作，相关的景观工程需要保留中国传统文化的浓厚色彩。此外，传统文化继承的设计方法还要求更好地与现代建筑技术完美地融合在一起，尤其在建筑的规模与建材的质地纹理等方面予以重视，同时还希望相关的设计人员不断提升自身的专业理论知识与实践操作技能来为被动式建筑的设计更好的出谋划策，进而为广大的人民群众构建良好的居住环境氛围。

五、提升被动式建筑设计质量水平的有效策略

（一）加强自然采光、被动式采暖与降温通风在建筑中的运用

①就建筑体形来讲，不同气候区及不同功能的被动式建筑要求所塑造的建筑体形是不一样的，它还直接决定了室内通风气流的路线长度与光照的外表面积；

②墙体、屋顶与地板等环节的保温也需要加强，避免因为渗透造成的热损失与导热造成的热损失等不良现象，而被动式的降温要充分利用晴朗夜间里的冷空气辐射与对流的方式进行降温；

③自然采光在被动式建筑设计中也很重要，做好科学合理的采光规划，尤其是侧窗采光与天窗采光，致力于降低制冷负荷与电器照明维修费用下降，使用较少的玻璃来达到最佳的采光效果。

（二）设计更加科学合理的规划布局与建筑体形

所谓的设计更加科学合理的规划布局与建筑体形主要集中表现在以下几点上：

①选址，因为往往江河或护坡、山谷或坡地等会直接影响到建筑室内外的采暖制冷与热环境；

②建筑朝向，一般情况下，夏季能利用自然通风并避免太阳辐射，冬天要避开主导风向且有充足的日照，并且建筑各个朝向表面的太阳辐射强度会受到季节变化规律的制约影响；

③群体布局，即在建筑物之间留出一定的距离以确保阳光不受遮挡并能直接找到房间内，较宽的街道有利于建筑之间的通风；

④景观设计，避免在紧邻建筑的地方种植需要频繁浇灌的植物，利用植物的蒸腾作用使得建筑周围制冷。

综上所述，本节对被动式建筑设计基础理论与方法进行探究分析具有重要的现实性意义，被动式建筑设计不是简单易于操作的外在形式，而是更倾向于关注最基本的问题，致力于使绿色建筑回归设计本身，以二氧化碳为代表的温室气体不断使全球的气温持续上升，倡导低碳生活已经刻不容缓，被动式建筑设计正是在此时代背景下应运而生，该种建筑设计致力于提高建筑的舒适性并逐步实现建筑节能减排的目标，充分利用起自然通风、蓄热放热以及保温隔热等被动式技术策略，被动式建筑设计更是良好的融合了系统科学、社会经济学、建筑气候学等多门学科理论方法知识为一体，由此可见推动被动式建筑设计实施有利于促进我国社会经济的绿色可持续健康发展进步。

第九节　建筑结构抗震设计理念与方法

随着经济的快速发展，世界各国的各行各业都随之发展起来，但是很多的行业对于自然环境的影响比较大，因此，地震灾害发生的机率也在增加。再加上，地震在发生时，对于社会会造成严重的影响，特别是对于建筑物来说，地震的发生可能会导致建筑物的损害，而且，建筑物在损害的同时，人民的生命健康安全也会受到严重的影响，因此，对于建筑工程企业来说，需要建筑施工企业在进行建筑物的建设工作过程中，加大对建筑物稳定性能的重视程度，在对建筑物的施工工作进行设计的过程中，需要相关的设计工作人员在设计的时候考虑到抗震的方面。通过这些途径，能够有效地提高建筑物的抗震能力，提高建筑物的安全性能。本篇文章主要分析了在对建筑物工程项目进行设计工作的过程中，如何更好地融入抗震的理念，并对此进行了具体的阐述，希望能够对我国建筑施工企业在建筑物的抗震工作方面的发展提供一定的帮助。

随着我国经济社会的快速发展，世界各地的科学技术水平也都在不断地提高，虽然如此，各国在对地震进行监测的工作过程中，还是无法做到准确无误。那么，如果发生了地震的情况，工作人员无法做到利用科学技术对建筑物此时的变形情况和具体的参数变化进行准确无误的技术。建筑物在抗震方面的能力也不能够有准确的保障。那么，面对这样的情况，就需要建筑物施工企业的相关设计工作人员在对建筑物的施工方案进行设计工作的过程中，不仅仅要保障建筑物的美观性，还要再进行设计工作的过程中，充分考虑到建筑物的抗震能力。在对建筑物的抗震能力进行设计工作的过程中，设计工作人员需要注意的是，所设计出来的最终方案一定要是科学的、合理的。设计工作人员最终所设计出来的设计方案一定要符合现实情况，比如说，如果地震是属于那种强度比较低的类型，那么，经过设计工作之后，建筑物在面对这样的地震强度的情况下，不能够出现建筑物损害的情况；如果地震是属于那种强度比较中等的类型，那么，经过设计工作人员的设计之后，建筑物在面对这样的地震强度的情况下，建筑物可以出现损坏，但一定是要在可以对建筑物进行修复工作的范围内；如果地震是属于强度比较高的类型，那么，进行设计工作人员的设计工作之后，建筑物在面对这样的地震强度下，不能够出现倒塌的情况，这样的抗震设计工作才算是有意义的。

一、建筑结构的抗震设计原则概述

（一）建筑结构规整性

对于建筑物施工阶段的工作人员来说，在对建筑物进行设计工作的过程中，要注意对建筑物抗震能力的设计工作，那么，这就需要相关的设计工作人员在开展建筑物的设计工作的过程中，要注意规划设计建筑物的抗侧力结构体系，这样设计工作人员所设计出来的建筑物结构就会更加的完整，分布也会比较的均匀。不仅如此，在进行时建筑物的构件设计工作的过程中，相关设计工作人员要注意，所设计的构件强度的变化要是遵循由上到下、由高到低的原则。那么，想要做到这一点，就需要相关的施工工作人员在进行设计工作的过程中，需要进行平面结构构造形式的检查和确认工作，在进行这项工作的过程中，设计工作人员尽可能地选择满足设计规则，而且是对称存在的图形。除此之外，在对建筑物进行正式的施工工作的过程中，还要根据建筑物的建设情况，及时地对所设计的结构进行调整和优化，通过这样的方式，尽可能地将惯性能力聚集在一起，这样也有利于惯性能力在建筑物中的传递。在建设建筑物的过程中，采用竖向的抗侧力构件参与到施工工作中，如果发生地震，那么竖向的抗侧力构建可以将地震的破坏力均匀的分散开来，那么，这个过程也就在一定程度上提高了建筑的抗震能力。

（二）建筑的结构刚度

事实上，在地震发生的过程中，地震会产生一定的作用力，而这个作用力一般都是双向存在的，那么，针对这种现象，就需要相关的施工工作人员，在对建筑物的抗震能力进行设计工作的过程中，要保证来自建筑物每一个方向在作用力都可以被抵抗住。对于建筑物的施工设计工作人员来说，如果想要做到这一点，就需要相关的施工设计工作人员在进行设计工作的过程中，要加大对水平面主轴这两个方面结构刚度的重视程度，要保证这两个方向的刚度一定可以达到标准的要求。除此之外，如果刚度特别硬的话，在发生地震的情况下，建筑物可能会受到作用力的影响，从而导致建筑物的结构出现变形的情况，那么，这就需要相关的设计工作人员，在进行设计工作的过程中，也要根据建筑物的基本情况，适当地加入一些比较柔的结构进去。那么，这样在进行设计工作的过程中，设计工作人员做到刚柔结合，如果发生了地震，而且地震的破坏力也在逐渐增加的情况下，建筑物的结构不会非常容易的就出现变形的情况，倒塌的问题也不会发生。通过这样的问题，我们也可以发现，在对建筑物的抗震能力进行设计工作的过程中，不仅仅要做到建筑物结构的刚柔结合，在设计建筑物的抗侧力结构的过程中，也要注意，不能够完全的按照要求的标准来进行，抗侧力结构的稳定性应该要比规定中的稳定性稍微提高一些，通过抗侧力结构的水平位移也是如此，和规定要求的水平位移相比较，也要更大一些。

二、建筑结构设计对抗震理念的具体运用

相关的设计工作人员在进行抗震的设计工作的过程中，要加大对抗震场地选择工作的重视程度。设计工作人员要尽可能地选择一些地震危害比较是少的场地，这样，在进行抗震设计工作的过程中，能够尽可能地减少对建筑物的影响。不仅如此，相关的设计工作人员还需要对场地中的地质进行调查和研究，地质不能够太软也不能够太硬，而且要分布的相对均匀。那么，如果所进行建筑设计工作的场地不是这种要求的话，如果想要进行建筑

物的抗震设计工作，首先要保证建筑物的地基设计工作达到标准的要求才可以再进行后续的相关工作。

第十节　城市规划设计与建筑设计

在城市化发展过程中，建筑物的规划与设计是城市的重要组成部分。城市规划设计是建筑设计的基础，为其提供理论方面的指导。而良好的建筑设计是实现城市规划设计的必要保障。两者在很多方面都有相同点，尤其是在设计领域有很多交集。为加快城市化进程，必须处理好两者之间的关系，鉴于此，本节就城市规划设计与建筑设计的关系进行分析。

随着改革开放的逐渐深入，我国的城市化进程日益快速，出现了较为多样的城市群，尤其是大城市的建筑群。建筑设计对城市规划有着非常重要的作用，反过来亦是如此，两者之间相辅相成，互相都有影响。好的建筑设计与城市规划，可以有力促进了城市的发展，更好的地推动城市化进程。在带来巨大的经济效益的同时，也萌生了较多的环境问题，如果不平衡城市规划与建筑设计之间的关系，必定会给社会生活带来严重的影响。因此，处理两者的关系，已成为势在必行的重要课题。在我国当今的城市发展规划中，对于建筑设计的要求也会越来越高。只有科学又合理的建筑设计，才能够对城市的发展起到重要作用。

一、建筑设计与城市规划的含义

（一）建筑设计

在美观实用的基础上，把建筑的使用功能进行较为细分的创作以及设计，使得城市的规划在空间与结构上得到比较完整的落实，这就叫作建筑设计。

（二）城市规划

利用对空间与布局的分析，通过对于土地利用和其他的建设工作进行全面的综合考量，对其进行合理设计，可以让其适应城市的布局，这叫作城市规划。它是以可持续的发展眼光，去展望整个城市的未来，它的研究对象是整个城市，是一种较为宏观的空间区域规划。

二、建筑设计和城市规划的关系

（一）城市规划设计指导建筑设计

城市规划设计是一门理论性的学科，为建筑设计提供较高的理论基础。如若建筑设计要实现可持续发展，必须要将城市规划的相关内容作为参考样本，在设计的全过程中进行全面的贯彻，从而促进建筑设计的有序发展，以及社会城市环境的和谐。

（二）建筑设计应服从城市规划

城市化蓬勃发展的当今社会，建筑是城市生活中十分重要的一道风景，同时也是凝固的人文艺术。建筑师在设计每一种类型的建筑时，建筑的大环境和指定区域小环境问题，都是值得优先考虑的，因此必须在城市规划的理论指导下，需要重视建筑与周边所有环境的统一，建筑设计必须要服从城市规划的发展。在城市化发展的现阶段，我国一般是通过某个建筑设计方案是否具有可行性，从而报告进行分析，铜鼓较为全面的总结，来比较充分地论证着建筑规划指标的合理性，因此说建筑设计是城市规划的一个论证过程。虽然此种方法一般用于城市规划较为早期的调整阶段，但是由于其具有较为科学合理的发展性，所以一直都被用来进行城市化发展的过程。因此建筑设计，作为城市规划的理论基础，应当服从城市规划，这样两者才可以相辅相成，更好地推动可持续发展。

（三）建筑设计与城市规划相辅相成

两者不仅仅是指导与服从的关系，更是可以互相促进与发展的关系。一次较为完美的建筑设计，建筑师需要把他的设计理念，实际运用于城市规划当中，也可以完善城市的不同地区之间的沟通，处理好地理人文之间的关系。在城市设计的指导下，建筑的设计，可以在一定程度上比较完善地反映出这座城市的规划理念，无论是在功能还是在空间上。

（四）建筑设计与城市规划的异同

（1）两者的共同点在于，都是设计工作，也是推进城市化发展的重要理论依据，都对建设有着指导作用，城市建设以城市规划设计作为其理论依据，促进其不断发展。另一方面，建筑设计可以指导相关的建筑工程的具体施工过程，可以在空间还有功能上起到指导作用。诚然，由于两者的设计对象都有一定程度上的不同，差异也还是存在。例如，建筑设计的目标是确定的，建筑师可以确定某一建筑工程项目，之后可以展现设计细节，都是围绕着设计目标而进行。然让他城市规划设计就没有那么的确定，它是实时动态的，因为城市化发展不断在变化，它会随着城市化不断地同步与调整。

（2）两者进行对比，建筑设计的过程中，它需要考虑的一些定型因素是比较少的，主要是对建筑本身的一些因素进行考量与整合，还有建筑所在的大环境与具体的环境的分析。但是城市规划中，它需要考虑的因素非常的多，可以说是需要面面俱到，每一个方面都要综合地考虑到，而且它需要花费一个相对来说很漫长的设计过程，其中不确定因素还是非常多的。最后来分析设计任务，建筑设计的任务非的明确，可以落实到各个步骤，而且是很客观的，一般的话都是建筑师制定一些较为清晰的设计方案，后期通过图纸展现出来，令人一目了然；但是城市规划并不是如此简单，它有诸多因素需要综合考量，例如城市的经济发展，环保可持续发展理念，以及法律法规与政治政策等等，它的设计任务在发展中，需要综合考量所有的因素，才可以展开较为明确的方向，后续继续进行布局与发展。

四、城市规划设计与建筑设计协调发展的措施

（一）完善城市基础设施建设

只有做好基础设施的完善，才可以让后续的城市规划更加的便捷，从而推动建筑设计的发展。而反过来，设计较为合理的建筑群，也可以促进城市基础设施的建设，两者是相辅相成的关系，综合起来是对于城市规划在空间与功能上的具体实践，达到更好的城市化发展的结果。

（二）发展与创新建筑设计

在城市化的规划过程中，需要加强对建筑设计内容的整合与参考。在前文中也提到过，建筑设计为城市规划设计，提供灵感与设计理念，他们不可以完全独立，而是保持着十分密切的关系。因此创新建筑理念，加强建筑思维的拓宽，以可持续发展与绿色环保为设计理念，在结构，空间创新还有功能以及设备上进行创新上，而后续落实到城市规划上，可以加强借鉴吸收建筑设计的重要经验，从而促进城市规划的可持续发展。

（三）建立健全的建筑设计评审制度

较为健全的法律与政治制度，是保证建筑设计发展的强有力后盾。最开始的措施，需要十分严格地对建筑设计方案是否符合城市规划设计进行严格的审查。进而，可以组织建筑专家对建筑设计方案的内容按照可持续发展的城市化要求进行审核。最后在对建筑设计方案进行决策时，建筑与周围环境是否可以协调发展需要被充分考虑。

（四）进行合理科学的建筑设计

建筑师在设计的过程中，应该综合考虑到可持续发展与城市规划的相关要求，后者更应该被优先考虑。例如与居民生活息息相关的道路交通，学区生活区以及医院银行等等公共场合，都应当在建筑设计时被充分考虑，这样可以很好地保证城市与建筑两者之间的有机协调发展。此外，建筑师应该科学地避免依据个人的狭窄思维进行的建筑设计，单人的设计理念与现有的客观条件没有办法适应的情况发生时，建筑师应当服从城市规划的制度指标与相关规定，最终营造一个较为科学与合理的建筑环境，通过两者的互相适应，促进建筑设计与城市规划的共同发展。

综上所述，城市规划设计与建筑设计两者对彼此的发展有着非常重要的影响，在设计的过程中两者必须要整合，达到一个平衡。因此城市规划设计与建筑设计的过程中都需要充分的把握住双方的密切联系，保证两者可以和谐地互相促进，从而使得城市规划设计与建筑设计取得更加有效的发展。

第二章 建筑设计的创新研究

第一节 低碳建筑设计

近年来，世界经济发展迅速，建筑行业消耗了大量的资源，给全球生态环境造成较为严重的破坏，建筑行业的大肆推进更加快了城市资源的过度消耗，已趋近枯竭的趋势。为了保护环境，为了我们共同的生态环境，低碳建筑设计的应用逐渐走入人们的视线。本节通过对低碳建筑设计在建筑设计中的应用进行研究，希望对低碳建筑设计理念的推广有着积极的促进作用，希冀为以后在这一方面的发展提供一份可供参考的资料。

随着社会的发展，可持续发展的重视程度越来越高。低碳建筑设计就是可持续性发展在建筑行业的一个典型的应用，进入 21 世纪以来，环保低碳成为人们最为关注的问题。中国幅员辽阔，人口众多，是一个能源消耗大的国家，发展低碳建筑，降低能源消耗，打造高效绿色生态建筑是建筑行业的必行之路。在建筑中使用低碳设计，并避免生搬硬套，将人、建筑、自然有机结合，赋予建筑绿色、节能的意义，坚持可持续发展的城市建设理念，使建筑富有生机和活力。建筑行业作为国民经济发展中的基础设施，如何具备节能、环保、低碳可持续的功能，成为科研人员们研究的重点。应对节能、环保等的要求，科研人员们坚持不懈地探索、研究和尝试，低碳建筑初出雏形。

一、低碳建筑设计的关注要点

（一）关注建筑的全寿命周期

无论是什么建筑，我们最先考虑的是其使用的期限。作为服务于人类的产物，建筑的一个全寿命周期包括规划设计、建造、运行、改造、最终拆除。建筑设计时要确保施工过程对环境的影响降至最低；拆除过程中尽量降低对环境的危害。除此外，我们还要考虑到建筑的构成材料和建筑废弃、拆毁后的垃圾处理，构成材料的产生又涉及原材料的开采、运输和加工。

（二）关注建筑周围的环境

住宅建筑低碳和传统的建筑有着很大的区别，其主要就是在对建筑物进行设计的时候，没有将经济原因作为主体，而是对环境因素进行分析，在建筑设计以及建筑施工的过程中不会对环境造成很大伤害。希望为居民提供一个良好的、健康的舒适环境。另外，当建筑完成以后，对使用的建筑材料进行拆卸的过程中，最大程度的降低对环境的影响。考虑建筑所在区域的气候特征；能够利用建筑区域的自然条件，如地形、地貌和自然景观等；保护到原有的历史文化景观；建筑风格与规模迎合区域原有的环境风格；对自然环境的负面影响降到最低。在规划设计建筑时，要做到因势利导，因地制宜。

二、低碳建设设计的基本特征

从以上的说明可以看出，住宅建筑低碳设计与传统的建筑设计有着很大的区别，其主要的特点有：

（一）最大限度地保证环境不受伤害

这是因为在进行选材的过程中选用了那些能耗比较低的材料，而且在建筑前期进行了精确的计算，尽量的不会产生建筑废料，这样就在很大程度上避免了建筑垃圾的产生，从而保护了周围环境。

（二）控制能源的消耗

在对建筑设计的过程中尽可能地使用那些具有环保性的材料，这可以有效地实现人与大自然和谐共处的状态。

（三）后期不会产生污染

也就是在建设结束的拆除过程中不会污染环境，而且拆掉的设备还可以重复利用，保证整个项目建设都具有良好的环保性。

三、低碳设计的原则

（一）降低能耗的原则

对于住宅建筑低碳来说，要对使用过程中的能耗问题进行全面的研究。在进行具体的规划设计工作时，综合考量建筑对于内外部环境的影响，同时还要采用各种方法与措施进行设计方案的优化，以体现建筑工程的低碳、节能效果。

（二）因地制宜

进行住宅建筑低碳不能对以往的经验进行完全的模仿，而是要根据当地的情况进行实时的分析和研究。在不同的气候条件设计的标准是不一样的，从而减少因为采光和供暖等产生额外的能耗。在阳光比较充足的地方，太阳能是十分必要的，但是对于持续阴雨天气则不会呈现很好的效果。在寒冷的地区应该将精力放在建筑保温材料上，而南方则尽可能地减少太阳光的直射。某种建筑平面在一个地区也许是当地的代表作，但是如果换到其他的地方，就有可能成为影响使用的一种无用建筑。

（三）尊重环境

在低碳设计的过程中，需要考虑建筑的安全、舒适以及经济，在这样的基础上同时还需要不断地将环保的理念引入到建筑设计中。利用有限的资源提高人类的舒适程度。健康、舒适的生活和工作环境是人们追求的目标，所以在进行建筑的时候要选择那些对人类无害的材料，这样才可以有效地杜绝电波、有害气体等对人体健康产生的威胁，同时需要在室内有着良好的、适合人类生活的各种环境。

四、基于低碳概念的建筑设计

在进行建筑规划设计工作时，建筑师要对建筑工程的保温性以及隔热性引起重视，同时还要对建筑的通风效果以及采光效果等问题引起重视。现阶段，在环保理念以及节能理念的指导之下，要确保建筑有着良好的使用与节能性能，就要做好建筑工程的平面、立面设计，对天然因素进行良好的应用，进而可以达到节能降耗的目的。

（一）墙体低碳设计

对于建筑的墙体来说，其作为建筑外围的结构主体，它对室内外的热量交换起到了重要的介质作用。一方面，要确保墙体具有良好的承重与安全维护功能，同时还要确保墙体结构的合理性与安全性。另一方面，就是要对墙体材料的保温隔热效果进行研究。现阶段在进行建筑的设计与施工过程中，多使用到页岩陶粒混凝土空心砌块等建材。另外，在进行墙体低碳设计工作时，还可以加设保温隔热层。一般来说，由于材料层次、布置的不同，其所起到的保温效果也是不同的。为了有效地防止墙体内出现冷凝水的问题，一般要将墙体的保温层设置在墙体的外层。此外，因为外保温绝热材料在施工时一般采用连续外包，因而其对混凝土的梁柱结构具有一定的隔断热量的重要作用。最后，在进行建筑的墙体低碳设计工作时，还要注重植被的利用。对于那些接受日照时间较长，同时受光照强烈的墙面，可以采用种植植被的方式降低热量的传递，进而可以有效地降低建筑室内的温度。建筑设计一定要考虑到周围环境与建筑之间的关系。

（二）天然资源的利用

自然采光、通风、地质地势都是本土的天然资源。为了降低对各类设备的依赖性，低碳建筑设计应使建筑能够自然通风和采光。

1. 自然通风设计

自然通风是一项无成本的风力资源，完全可以在不消耗不可再生资源的情况下，达到降温、去湿、疏通空气的作用，保持室内清新、干爽的环境，是绝佳的天然空调。通过利用自然通风条件，不仅能够确保室内外空气的流动效果，同时还能维持室内空气的清新。

另外，通过进行合理科学的通风设计，可以减少窗扇的损耗，提升建筑的节能效果。在进行可控通风设计工作时，设计人员可以在窗户上安装相应的自然通风器，进而可以利用自然环境的局部压力差以及环境中气体扩散的原理进行建筑内外的空气交换，同时也可以进行建筑室内温度的调节。另外，在进行设计工作时，还要注重挡风板以及挑檐等构件的应用，进而提升建筑的通风效果。

2. 采光设计

无论是在生活中还是工作中，人们对于光的需求必不可少。低碳建筑作为人工环境，采光的设计合理与否影响着人们的生活或工作。采光可以分为人工照明和自然采光这两种措施。如何降低能源消耗，低碳建筑中采用的策略是将人工照明与自然采光之间达成一种平衡。即充分利用自然光，减少使用人工照明设施，以此降低对能源的消耗。建筑工程的冬季采光设计问题直接关系到建筑的节能设计效果，因而要对这一问题引起重视。①建筑要充分利用好当地的太阳能资源，尽量实现天然采光的效果。因而在进行设计工作时，要对建筑的窗口面积以及窗口位置进行推敲，另外还可以应用一些采光设施，进而确保室内有一个较好的采光效果。②在满足了建筑室内采光的需求外，还要考虑到室内照明能耗的节约问题。

（三）新型节能环保材料的应用

新型墙体材料的主要优点是具有良好的保温隔热性且重量较轻，是比较理想的墙体填充材料。目前，水泥工业在建材行业中所占能耗比重最大，并且造成了严重的环境污染问题，因此当务之急是发展生态水泥，与传统水泥相比，生产生态水泥所用的原料大都为废渣尾渣等工业废弃物，节约了能源；在生产工艺方面，不会造成二次污染，有效地保护了环境；且具有优良的使用性能。研究表明在环保方面粉煤灰也十分出色，据统计，截至2009年，我国的粉煤灰利用率高达65%以上。

无论是设计还是在选择建筑材料方面，都应该充分考虑建筑节能的要求，在满足相关规定和标准的前提下，合理使用新技术，采用新型节能环保材料，努力实现建筑节能的目标。伴随新型节能环保材料的不断普及，必会实现建筑行业的可持续发展。节能环保型住宅是与可持续发展观紧密切合的现代化建筑，是人类文明进步的标志。所以要有意识地保护我们的居住环境，携手打造和谐低碳的家园。

第二节　建筑设计中的绿色建筑设计

近年来，人们在物质文化和精神领域追求的水平有了很大的提高，对环境和健康的要求越来越高。为此，在建筑设计过程中，我们应采用绿色施工理念，确保建筑设计在节约材料的同时具有高质量。此外，在施工管理中贯彻绿色环保的施工理念，确保生态发展和环境发展的同时，提高施工企业的竞争力。

　　绿色建筑设计理念是保证社会经济稳定发展的重要措施。当然，在实施绿色设计规划的过程中，也需要社会各界的大力支持，充分明确我国绿色建筑设计的发展现状，找到合理完善绿色设计的途径，从而使绿色建筑设计的未来方向更加明确，需要不断的研究和探索，使绿色环保和建筑设计完美的结合。

一、绿色建筑设计的原则

（一）因地制宜

　　绿色建筑建设的首要原则是适应当地条件，根据当地情况，我们不能盲目照搬其他设计。地区和地区不仅有不同的地形和地质构造，而且气候也有不同。由于地形和地质结构的限制，不同地区的建筑设计在布局、面积和高度上会有很大的差异。结合气候差异等区域性条件，绿色设计应能够最大限度地节约土地使用。在可能的情况下，采用自然照明和通风、被动式集热和制冷，以减少因采光、通风、供暖和空调造成的能源消耗和污染。

（二）重视优化环境

　　建筑物不是独立存在的个体，它与周围的环境形成了统一的有机整体。在建筑过程中，除了要尽量去减少对环境的破坏，还应做到尽可能的优化环境，以追求最佳的环境效益。采用多种绿化方式，如生态绿地、墙体绿化、屋顶绿化等，将花、草、乔木、灌木进行合理配置等。总之，在建筑设计过程中，要坚持合理利用地形，绿化环境，降低环境污染，保护自然环境和社会生态环境的原则。

（三）环境保护，节约能源

　　建筑施工对周边水资源、地形、植物有着很大的影响，所以施工前必须对周边环境进行调查，减少对周边环境的影响，尤其是废水、废气污染。建筑业作为高耗能行业，如果能源利用不充分，很可能造成资源浪费。所以，在应用绿色理念时，要将能源节约应用到每个环节。在设计中，选用耗能较小的方案，通过提高材料应用率，确保新技术应用；通过温室效应、余热回收等技术，得到可持续利用的能源。

二、建筑设计中的绿色建筑设计的要点

（一）绿色建筑中的空间布局设计

　　绿色建筑设计理念在现代城市建筑设计中的融合应用，始终强调对建筑物空间布局的优化设计工作，只有不断提高对建筑物空间布局的设计水平，才能够满足绿色建筑建设开发降低能源消耗的要求，推动绿色建筑设计行业稳定持续的发展。随着现代城镇化建设脚步的不断加快，越来越多的高层建筑出现在大众视野面前，城市土地资源变得越来越困乏。为了进一步有效提升城市建筑整体的规划性和协调性，设计人员可以通过在建筑物设计规

划中减少使用玻璃幕墙，这样不仅能够降低建筑物光污染的产生，还可以减少风带数量。与此同时，建筑设计人员还可以通过充分利用城市地下空间加强对绿色建筑的空间布局优化设计工作。例如，利用建筑地下空间面积打造大型停车站，缓解城市地面停车压力，扩大城市地面的绿化面积，实现建筑物周围生活环境水平的有效提升，促进现代城市建筑的可持续发展，为人类带来更多的便利之处。

（二）建筑的电气节能

电气设计是绿色建筑中不可或缺的环节，在绿色建筑策划中添加生态电气设计，是建造节约绿色的实体体现。在实际的电气设计中，设计者理应明确，建造物是最主要的供电设施。对供电系统进行优化能够最大限度地提升建筑设计能源节约。所以，在建造电气设置规划时，降低对毫无所用的电线铺设，降低电线损耗，尽最大能力地降低能源的消耗。于现实电气实施中，不同种的电线种类有着不尽相同的节省能源的能力，所以在实行高楼电气节约能源技术实际进行时，首先需要选择合理的导线类型。从导线材质上分析，要选择通电率较小的新型材料电线。在实际的电气工程中发现，铜质材料的导向电导率比较高，但是其成本比较高，因此在实际方案设计中，应该理性选择导线材料，实现经济实惠原则。在进行选择灯具的时候，要本着节约能源的原则来进行选择，并且还得要有节能控制开关等等。在进行设计照明系统的时候，就得要依据工程的实际需要、实用型及技术经济型来进行设计，不可以仅仅依靠照明的艺术效果来进行设计，这样会导致成本加大。在选择光源之上，要优先选择高效光源，比如室内就可以选择功率小的荧光灯或是高压钠灯，那么室外照明则就得选用金属卤化物及高压钠灯等等。

（三）房屋和门窗的设计

控制建筑内部的温度也是建筑设计中非常重要的一个环节。到了夏季，我们尤其要注意选择隔热技术。在冬季，可以通过使用空气中的隔热技术来更好地解决存在于室内的热量，从而降低其消耗，这样也就贯彻了绿色建筑的本质内容。对于绿色建筑的设计而言，更好地满足门窗设计的合理性是非常重要的一个环节。在整体设计的过程中，尤其要考虑门窗的朝向、面积和传热系数等诸多环节的内容。此外，在对绿色建筑材料的种类进行挑选的过程中，尤其要注意选择质量过关的材料，这样才能够更好地投入施工建设。

（四）资源能源的有效利用

1.清洁能源的利用

清洁能源即绿色能源，是指不排放污染物、能够直接用于生产生活的能源，它包括核能和可再生能源，对人体不会造成不良的影响。因此在建筑设计中尽可能地使用太阳能等可再生资源，减少能源的损耗。在产品配制或生产过程中，不得使用甲醛、卤化物溶剂或芳香族碳氢化合物；产品中不得使用铅、镉等金属以及化合物的颜料添加剂。同时为了保持室内空气流通可以利用风能。通过利用清洁能源为人们的生活和工作提供健康的环境。

2.回收利用旧建筑材料

为了减少不必要的浪费，在对旧建筑改建或重建时，要注意对旧建筑材料的回收利用。通过将旧建筑材料进行加工，可以节省材料，大大降低建筑的成本，同时还能较少污染物排放，为绿化环境做出贡献。回收利用旧建筑材料也是绿色建筑设计的核心内容之一。

3.可再生材料的利用

产品更替过快造成了各能源及材料的浪费，长时间下去，便意识到浪费带来的危害，能源的减缩、废弃物的堆积以及大量废气排放对环境造成了严重的危害。为此，在建筑设计中要充分利用可再生材料，比如纤维保温材料等，尽量避免不可再生材料的应用，这不仅可以促进社会的发展，而且这也是构建和谐社会的必然要求。

随着生活环境的恶化和精神文明的发展，绿色建筑得到了推广和应用。面对生活品质的逐渐提升，人们也对生活环境提出了许多要求，室内环境也受到越来越多的关注。为了更好地弘扬绿色建筑理念，除了深入研究生态技术外，还要从环境、需求、节能等方面综合考虑，以便更好地实现绿色建筑设计。

第三节 建筑设计中节能建筑设计

随着社会的进步，不仅要发展经济、科技，更要注重环境保护，节约资源，减少不必要的资源的损耗。整合资源、合理使用，达到经济节约和材料节约的目的，有效减少材料损耗，将经济效益最优化，走可持续发展的道路，提高节能环保的意识。本节对建筑节能的重要性以及如何在建筑设计中节能展开论述，使节能设计理念深入落实到建筑设计中去。

一、建筑节能的重要性

目前我国建筑能耗巨大，能源分配不均衡，因此落实建筑设计中的节能设计工作十分重要。全面的建筑节能有利于从根本上促进能源资源的集约利用，缓解我国能源资源供应与经济社会发展的矛盾；有利于加快发展循环经济，实现经济社会的可持续发展；有利于长远的保障国家能源安全、保护环境、提高人民群众生活质量、贯彻落实科学发展观。

二、如何在建筑设计中节能

（一）外墙的节能

外墙占维护结构的比重为60%，占总能耗的40%左右。所以外墙是节能设计的重点。外墙的保温做法上，优先选择外保温；在材料的选择上，选择导热系数较低的材料，这样就可以减少因为温度变化出现的冷热桥现象。常用的外墙节能材料有：纤维石膏板、加砌混凝土砌块，这些材料都是以石粉、煤灰、煤干石为材料。与传统的实心砖相比，节省了制作过程中大量的煤炭能源消耗，而获得了更好的保温性能。

（二）门窗及遮阳板的节能

据统计外窗的得失热量约占维护结构得失热量的 40%，所以外窗的节能设计中首先要控制好窗墙比，根据窗墙比的定义：单一朝向外窗（门）面积和墙面积（含窗面积）的比值，过大面积的开窗对节能是很不利的。其次，从节能环保的长远角度看，优先选择双层 LOW-E 玻璃和断桥铝。双层 LOW-E 玻璃之间填充的氩氩空气层，能使不同波长特别是紫外光的能量衰减 40%。再加上 LOW-E 玻璃本身良好的热工性能，使得双层 LOW-E 玻璃比普通玻璃的性能提升了近一倍。再次，可通过提高门窗制作，安装精度，进一步提高门窗的隔热性能和气密性，减少空气渗透。

门窗外遮阳一般分为固定遮阳和智能活动遮阳。智能遮阳能根据当地的气候和太阳高度角，智能的调节对太阳辐射热量的吸收率。但存在造价高且不易维护的缺点。固定遮阳，物美价廉，可以挑选美观的形式，在南向、东西、西向适当位置安装。从而以满足夏季遮阳冬季获取日照的需要。

（三）屋面的节能

关于保温屋面的做法，倒置式屋面得到了省政府的大力支持和扶持。由于采用挤塑式聚苯乙烯保温板这种新材料，使我们可以采用倒置式屋面。倒置式屋面是将传统屋面构造中的保温层与防水层颠倒，将保温层放在防水层上。而 XPS 这种材料具有"憎水性"，而我们以往在工程中常用的其他几种保温材料如：水泥膨胀珍珠岩、水泥蛭石、矿棉、岩棉等都是非憎水性的，这类材料如果受潮、漏水、吸湿后，其导热系数将成倍增加，所以才出现了普通保温屋面中需要在保温层上做防水层，在保温层下做隔气层，使构造复杂化。但倒置屋面也有其维修时返工量大的缺点，并且如果实际施工时找坡坡度小于规范要求的 3%，可能会出现比较严重的渗漏。但瑕不掩瑜，随着大家对材料性能的不断完善，必将促进倒置式屋面的推广和普及。

（四）自然通风

自然通风已经以其独特的优势成为建筑节能中普遍采用的一项重要手段。自然通风相较于空调制冷技术至少具有两个方面的意义：一是实现了被动式制冷。自然通风可在不消耗不可再生能源的情况下降低室内温度，带走潮湿污浊的空气，改善室内热环境。而二是可提供新鲜、清洁的自然空气，有利于人体的生理和心理健康。自然通风的方式主要有利用风压排风及利用热压排风。风洞试验表明：当风吹向建筑时，因受到建筑的阻挡，会在建筑迎风面产生正压。同时，气流绕过建筑的背面及侧面，会在相应位置产生负压，风压通风就是利用建筑迎风面和背风面产生的压力差实现建筑通风。压力差的大小与建筑形式、建筑与风的夹角及建筑周围环境有关。而热压排风则是热空气上升的原理即烟囱效应，实现自然通风。

居住建筑平面布置为例，需尽量保证使整个建筑内各个房间不同方位的房间在所有的时间段内都能够有流畅的气流通过。其中用于人居住的卧室、起居室应为进风房间。而产生油烟和不良气体的厨房和卫生间应为排风房间，将不利的气体及时排出屋内，形成有利于夏季凉爽的穿堂风。

（五）体形系数

建筑物与室外空气接触的外表面积与建筑体积的比值即是建筑体形系数 S，形体系数越小，表面积越小，外围护结构的热损失越小。从能耗的角度看，较小的形体系数有利于建筑节能。但形体系数同时与造型、布局、采光、通风有关。形体系数太小，会制约建筑师的创造力，造成建筑外形呆板、布局困难、损害建筑功能。但我们也不提倡造型怪异，表面积过大的建筑。

（六）日照及朝向

日照及朝向选择的原则是冬季能获得足够的日照并避开主导风向，夏季能利用自然通风并防止太阳辐射。但朝向也同时受到历史文化、地形、城市规划、道路、环境等因素的影响。海南地区主要应满足夏季防热的要求，应尽量避免东西向的日照。

我国建筑行业走节能环保的路线，顺应国家的政策和环保需求，建筑设计中节能建筑设计是一个重要的发展方向。先进的节能理念，节能材料选取以及先进技术的使用三者协调配合，将资源进行科学、合理的整合，充分利用可循环使用的资源或可以废物再利用的资源，从而节约成本，提高经济效益。基于我国建筑行业发展趋势，建筑设计必须打破现在的局限，不断创新、改善节能建筑技术，提高节能效果，做到建筑设计既美观大方又节能环保，节能的目标最终是为了保护环境、提高经济效益，满足人们对住房舒适、健康、环保的需求。

第四节　建筑设计的生态建筑设计

如今，影响社会化建筑的最大制约条件就是能源短缺，环境的破坏也让大家意识到严重的问题，如今越来越提倡可持续发展，在这样的条件下，生态建筑如今成为国家关注的对象，生态建筑就是将人、建筑和自然之间的关系相协调，最主要的目的还是为了给人们提供一个舒适的生活环境，如何实现协调关系，让人们的生活环境更加舒适，这是如今的设计师需要去思考探索的问题，所以需要结合理论与实际的施工经验，对生态建筑设计进行更好的分析。

人们的生活水平越来越高之后，就表现出来对健康和生态的追求。考虑到城市的绿化和环境的保护，如今就越来越提倡生态建筑，生态建筑一方面是为了营造出一种低碳环保的环境，同时也能够让居民生活条件舒适，综合考虑到多方面的因素。

一、目前我国生态建筑的现状

生态建筑在我国已经实践多年，经过了多年积累的经验，也取得了很大的进步，但是在生态建筑的设计和应用方面依然存在很大的问题，首先，在提倡可持续发展观的当今，有少部分地区对于可持续发展并不重视，没有落到实处，虽然一直提倡生态建筑，却并没有将可持续发展应用到生态建筑上。还有一些建筑在装修的时候，为了节约成本，没有对建筑的材料进行严格的控制，导致使用一些劣质材料，其中含有大量的有害物质，这样增加了对环境的污染，对居民的身体也有严重的危害。还有一些生态建筑忽略了建筑的功能，许多建筑只重视到了建筑的外观，却忽视了建筑的存在是为了让人们更好的生活，这样的建筑是不符合生态建筑的设计理念的。

二、生态建筑的特点

建筑也需要不断地输入能量和消耗能量来运行，如何让建筑从周围环境中获得能源同时又能够有效地利用这些能源，来满足住户的日常生活需求，既能够节约能源，又能够减少污染，就是如今生态建筑所需要研究探索的内容。从上述的内容来看，生态建筑的本身就可以作为一个生态系统，通过所掌握的技术合理的运用各种材料，来将建筑设计为一个低碳环保的生活环境，同时考虑到住户的舒适程度，设计师应该尽可能地利用到当地的自然条件，根据地区的不同来采取更加科学合理的设计，充分的利用太阳能、风能等可再生能源，将一些设计思路应用到设计中去，形成人与自然和谐相处的环境空间。同时，生态景观也是生态建筑设计中不可缺少的一部分，生态景观的设计主要考虑到两个方面：①要满足环境的视觉效果，给人形成自然美的环境；②要注意到生态的效果，确保设计出的生态景观可以兼顾美观与实用。

三、生态设计的应用

（一）能量的循环利用

如今物质匮乏、能量短缺的主要原因还是人类对资源的开发力度太大所造成的，所以在未来建筑中首先需要注意的就是能量的利用，而太阳能就是能源利用的首选，它清洁环保同时无处不在，可以实现能量的循环利用，如今太阳能也是得到了我们的广泛利用，经过多年的研究此技术也是逐渐的趋向于成熟，在各个方面已经可以进行更大规模的普及，所以在未来建筑中应该更多地考虑到太阳能的利用。

（二）屋顶种植

建筑的屋顶是影响到建筑内部温度的主要方面，在夏季为了控制好室温，给人们更加舒适的居住条件，对屋顶降温也是重要的一方面，屋顶种植技术就可以很好的降低室内的温度，同时，如今城市化的发展导致真正能够进行绿化的土地也很少，屋顶种植也可以充分利用到屋顶的面积进行绿化，既可以改善好城市的环境，又可以提高人们的生活情趣，不仅仅是屋顶种植，设计师还可以根据房屋顶部的情况来设计出空中花园，那么一方面可以降低室内温度，另一方面还可以提高人们的生活质量，改善城市的环境。

（三）房屋绿化

城市化导致可以用来绿化的土地面积有限，所以如今建筑绿化也是城市绿化的重要方面，可以很好的改善城市的生态环境，用植物来装饰建筑可以净化空气，让住户身心愉悦，同时又可以遮阳降低室温、美化环境。

（四）开口设计

建筑物要想更好地进行通风，建筑物的开口要进行合理的控制，开口的种类、大小和方向都需要进行精密的计算，合理的分析，设计出面积比合理并且可以最大程度的保持通风，窗户面积与整体的比例也直接影响到了整个建筑的通风情况，建筑物内部空气的流通都是通过窗户实现的，如果比例设计不当，自然通风也就难以实现，整个建筑室内的温度也就控制不当，这样就会影响到住户的日常生活，违背了自然通风设计的初衷，研究表明，在窗户宽度占开间比例 30% ~ 60%，开口的面积占地板总面积的 1/6 ~ 1/4 的时候，可以达到最好的通风效果，开口所对应的位置和气流通过的路线直接影响到了通风的效果，进风口和出风口两个风口的位置应该位于不同高度，这样就可以保证室内空气的流转改变更多路线，使得室内的空气保持均匀的状态，达到通风的最佳效果。

（五）竖井空间

在设计中一般设计为竖井空间，来使得空气流动的速度变得更快，让自然通风的效果变得更好，在如今的建筑中，我们可以经常的看到设计有中庭，这其实是竖井空间设计中的一种，一方面考虑到建筑的光线问题，中庭可以使室内采光变得更好，另一方面，纯开放的空间，中庭内也会存在热压，使下层空气向上移动，室内存在压差的时候中庭和室内的空气就会不断的循环，达到室内空气流动的效果。另一种设计则是风塔设计，而由于它的形象我们又把它称作烟囱设计，在房间内的排风口处安装上太阳能空气加速器，这时候加速器会对空气有一定的吸收作用，当室内的有些部分地区的气流不是很通畅，这时候太阳能加速器就可以吧风塔上部的空气吸收到建筑的内部，由此来加速空气的流通，而风塔在设计的时候并不一定要想烟囱一样垂直与建筑向上，他的开口方向应该取决于该地区主导的风向，而在有些地区，风向并不是稳定的存在时，应该尽可能多设计风塔，设计师也可以根据自己的思维将风塔设计的可以移动而不是一成不变，这样可以在室内的空气流通不畅的时候可以有调节的措施，免得因为此原因而影响到了住户的日常生活。

（六）屋顶的通风设计

在很多的建筑中，我们都可以在屋顶见到隔热层，防止到了夏季阳光直射屋顶而导致屋内温度过高，此设计利用了隔热层内部的空间来降低热量，中间的隔热层带走了热量，同时次设计还提高了屋顶的防水措施，建筑的不断变化，到了现在很多人喜欢上了西方建筑，屋顶的斜坡设计同样可以留下空层，这时候就可以利用建筑自身的特点，在斜坡结构层的空层部分设计出来通风隔热层，这样既不影响到建筑自身的美观，又可以在建筑顶部留出隔热层，起到很好的隔热效果。

（七）双层幕墙设计

双层幕墙是如今建筑中比较成功的设计，此生态设计被现如今的生态建筑所普遍的使用，它的原理也很简单，在双层的玻璃幕墙之间留下一个空间，空间两侧有两个小孔分别可以进出风，在炎热的夏季可以打开出风口，利用此出风口使得幕墙内部的空气不断的流动，不断的排出炎热的空气，从而使得室内的温度得到降低，而到了寒冷的冬季进风口就可以关闭，此时的幕墙就相当于一个简单的温室，提高室内的温度，同时可以在幕墙上设计百叶窗，可以在夏季的时候避免阳光照射，从而达到更好的隔热效果，幕墙为玻璃设计，设计师在设计的同时，既保持了玻璃轻薄的外形特点，又可以使幕墙内部的气流很好的流通不至于空气紊，就算是到了夏季的夜晚通风时，也不用担心夜风会对幕墙产生什么影响，噪音也是困扰我们的原因之一，幕墙内部气流不断的流通，加上流通空间狭小，噪音同样也是不可以忽视的问题，而设计师在幕墙设计中加入的维护结构，不仅可以使幕墙更好的隔热，也可以在空气流通的时候降低噪音，双层幕墙是节能建筑设计的一个新的发展。

生态建筑是如今建筑的一个发展方向，它一方面可以改善住户的生活环境，同时又可以利用新的技术来提高生活的质量，我们需要把技术和当地的特征更好的结合，设计出更加优秀的建筑，相信随着人们的环保意识越来越强，生态建筑一定能够用引起越来越多人们的目光。

第五节　现代建筑设计与古建筑设计的融合

古建筑是我国传统文化的一种传承，古建筑设计与现代建筑设计的融合意义重大，于是本节分析了现代建筑设计与古建筑设计的融合。

古代建筑作为我国传统文化的重要领域之一，为我国建筑设计的多种格调发展奠定了坚实的基础，应将其优秀的设计理念发扬和传承下去。

一、我国古代建筑的设计观念与特点

（一）建筑以木结构为主

古建筑的设计多采用木结构，并且这些木结构的建筑要素往往涉及大梁、屋顶、山墙等多种建筑因素。其采用连接方式多以软性连接为主，因此具备更佳的韧性。古建筑的墙体与现代建筑中的墙体相比具有明显差异，古建筑中的墙体并不能发挥承重之功效。在古建筑设计过程中，墙体既可作敞开墙、又可作幕墙，可以帮助建筑打造出隔而不断的流动空间。

（二）建筑平面的特点

大部分的古代建设是以 4 根木桩围成的一个方形的"间"为单位的，且"间"的数量与大小影响着古代建筑的大小。在我国古代是以奇数作为吉祥数字的，因此在古代建筑中"间"的数量是单数，而其数量越多，代表主人的地位越高。

（三）建筑群体的特点

我国古代建筑群是由"间"来沿着建筑的中心线向着两边来对称分布的院落。重要的建筑是建设在中心线上的，这表现出集权的地位；次要的建筑则建设在中心线的两边，而两边也是对称建设的。另外，在古代建筑中虚实相间的庭院变化较多，其讲究的是建筑层次性。

（四）建筑装饰与色彩

古建筑采用的装饰构件多为檩、斗拱、椽等，其装饰作用主要是通过构件上的雕刻来进行体现。此外，在古建筑的门窗、匾额等处会采用雕刻、美工等技术，在满足为构件增添色彩的同时，还能工充分展现我国古代的文化底蕴。

二、现代建筑设计与古建筑设计融合的风格

现代建筑设计与古代设计融合形成的风格就是仿古建筑风格，这种风格在当今建筑行业中还是备受相关单位青睐的。仿古建筑虽然施工采用的建筑材料、施工技术、施工设备等都是现代建筑施工时所采用的，但是在仿古建筑的设计理念是在借鉴古建筑设计理念的基础上进行一定的改变所形成的。仿古建筑并不是对古建筑的照搬照抄，其需要将古建筑设计元素与现代装饰工艺技术进行有机结合，并且加以创新，才能设计出高质量的仿古建筑。

仿古建筑的兴起已有一定时日，其兴起可以追溯到清代的鸦片战争时期。当时外国侵略者大规模侵华，有部分建筑家跟着一起到了中国，他们就将具有中国特色的建筑理念融合到了本国建筑中，这就是最早的仿古建筑。自十一届三中全会之后，中国实施改革开放，在西方热风潮的影响下，我国传统建筑大量被推倒，当时出现了不少带有西式风格的建筑，可以说当时仿古建筑的发展遭遇了一个尴尬的"瓶颈期"。近些来，随着社会各界保护传统文化意识的苏醒，仿古建筑热潮又开始苏醒，不少建筑设计人员又开始反思如何在现代基础的基础上巧妙融合古建筑元素，使得建筑能够充分展现当地的人文情怀。

三、现代建筑设计与古代建筑设计的融合

（一）实现现代建筑与古建筑思想上的融合

中国古建筑具有明显的南北两区域特色，北方建筑主要是为了展示主人的尊贵身份及高贵地位。北方的宫廷建筑，特别是北京故宫，大多采用青砖黄瓦，通过这种建筑风格来彰显皇家之气。同时，北方建筑多讲究风水、方位，像是宫殿周围的建筑都要做得相对矮小，这样才能突出宫殿的尊贵。与北方建筑不同，南方建筑讲究的是天人合一，要重点凸显人与建筑的有机结合。南方建筑大多巧用江南地区的地势地貌及植物河流，将其与院落设计进行有机融合，从而来增加建筑的自然风格。

虽然说现代建筑对古代宫廷建筑的属性进行了弱化，但是随着公众环保意识的觉醒，其还是希望能够在现代建筑中增加相应的自然属性，通过利用自然、接近自然来增强现代建筑的自然特色。这种思想其实是融合了古代建筑天人合一的设计思想，是在新时期下对古代建筑思想的一次全新发展。若是充分将现代建筑设计思想将古代建筑设计思想进行巧妙融合，可以在降低建筑施工的同时尽可能满足用户对于自然的需求，可谓一举两得。像是厦门大学的科学技术中心就是现代建筑与古建筑实现有机融合的一个典型案例。

（二）古代建筑材料在现代建筑中的应用

古建筑建筑材料多以木材料为主，现代建筑使用的建筑材料大多为混凝土，当然在现代建筑的某些特殊区域还是需要选用木材作为建筑材料，因此古建筑材料在现代建筑设计中的应用也算是现代建筑设计与古建筑设计进行融合的体现。建筑材料作为建筑设计的关键环节，对于整个建筑的设计施工都会产生十分重要的影响。现代建筑在设计过程中可以巧妙利用建筑木材的特点，通过制作艺术造型来凸显木材亲近自然的那种感觉。举个例子来说，我国建筑大师何镜堂提出的"建筑美学"的概念就在世博会上的中国馆中得到了很好的展现。中国馆底部采用混凝土及钢结构来表达稳健的结构美，顶部采用的 56 根衡量木则是借鉴了古建筑中斗拱的设计精华。中国馆将古现代建筑的设计理念进行完美融合，以此来表达实现我国古今文化和谐发展的美好凤愿。

（三）改造古建筑群或对古街进行商业改造

现代建筑设计与古代建筑设计的融合的一个体现就是对古代建筑群外观的改造或者是对古街的商业改造。这种情况大多是在旅游景点中得到广泛的应用。比如：在湖南湘西的凤凰古城吊脚楼是以木材为主建设起来的，而木质结构的建筑是不适合作为酒店、餐馆的，为了满足古城商业旅游的需求，这些吊脚楼建筑由钢筋水泥改造为多层的建筑从而满足经营酒店、餐馆的需要，在凤凰古城的核心地区建设了七百多家的酒店与旅馆，还有 2000 多家的餐馆。另外，在保护了凤凰古城古建筑的原貌的基础上，把现代建筑的设计观念与

特点融合到古街的整体规划中，这不仅能够保留古镇的古建筑，还可以把古镇的局部改造为商业去，使游客在欣赏了古代建筑的基础上还可以享受现代的服务，从而促进凤凰古城旅游行业与经济的发展。

总而言之，在现代建筑设计中应该吸取古建筑设计中的优点和精髓，做到古建筑与现代建筑设计理念的融合，进而促进建筑行业的创新发展。

第六节　基于空间句法理论的商业建筑设计

空间句法理论是一种全新的建筑语言，其主要是用来描述建筑和城市空间模型，优化建筑布局和结构，对于建筑产业的优化升级具有很重要的作用，能促使商业建筑在建筑过程中合理利用空间，进而对建筑空间结构进行合理利用，使资源发挥最大化优势。其基本思想是对空间进行尺度划分和空间分割，分析其负责的关系。随着现今城市化的进程和土地综合利用的提倡，空间句法理论在建筑中的运用越来越受到人们的重视，尤其是商业建筑设计中其应用更为广泛，基于此，笔者对空间句法理论在商业建筑设计中的运用进行了分析，以期为人们提供些借鉴和参考。

随着现今经济水平的提高，人们的精神追求有了一定的提高，对于建筑设计的要求更高，加之商业用地功能的转型和商业空间的重组，利用空间句法可以对商业空间的布局不断创新，进而节约空间和土地资源，进而发现商业空间的变化规律，对于以后城市发展的进程和商业结构更好地转化具有重要意义。

一、商业建筑设计与空间句法结合的必要性

城市建筑设计意在把城市中可利用的物质与虚拟物质进行连接，把人们对于城市的感受同城市的建筑设计联系在一起，其存在是为了更好地服务于人们，提升人们的生活质量以及改善人们的生存空间。商业建筑设计则指的是综合运用城市用地构建的商业架构，其构成较为负责，理解起来有一定的难度，基于此，空间句法理论能很好地将两者联系起来，使人们更加形象直观的研究商业建筑的分布和整体分布。

众所周知，随着城市化进程的加快，商业用地日渐紧张，商业建筑设计也亟待结合空间句法理论对其功能区域进行合理的划分，如对商业建筑里功能区域的划分，其能更符合人们的需求，为人们提供更加优质的服务，进而带动城市空间的优化升级，促进城市的经济发展和相关附加产业的发展。商业建筑设计与空间句法就是实践与理论的关系，两者相辅相成，将由城市所有物质组成的空间连接起来的时候需要运用空间句法对其进行量化，如其可以在城市整体的基础上进行商业结构的布局，以及分析城市所有商业分布区的整体情况，可以跨越时间和空间，利于人们对于城市商业空间布局的测量以及整体上对商业建筑的设计。

二、现今商业建筑设计的问题分析

（一）商业建筑设计与城市空间构造不协调

商业建筑设计在建造过程中与城市空间的构造不相协调，由于城市化发展速度的加快，商业用地的利用率虽然高，但是商业建筑设计的空间较小，所设计的建筑较集中，如某地的商业区在城市中心，客流量较大，人们为了获得一定的经济效益都会在这片商业区进行商业建筑，在带来商业利益的同时也造成了交通的拥堵，限制了人们的出行，进而无法带来更多的经济效益。可见，城市空间构造的协调对于商业建筑设计的有很重要的作用，应合理利用商业空间，进行商业建筑的优化设计。

（二）商业建筑设计的业态规模化和形式缺乏更新和提升

部分城市商业建筑的设计依托城市传统的商业区为中心，呈集聚状态，其他的功能分区被排除在外，基础设施完全同一化不利于商业的多样化发展，同时商业的建筑设计依托传统商业区而建，对于商业的整体布局和优化没有概念，进而就造成商业建筑规模的统一，无法突出商业特色，商业形式也较传统，需要更新和提升。

（三）商业建筑的设计制约着商业空间的发展

由于现今市场的需求和人们对于土地利用的过度，商业建筑的设计功能区域划分不全面，一些建筑设计并没有根据本地区的实际情况进行，如有的商业建筑建在城市中心，占用了大量的土地，加之城市中心的客流量较大对交通造成了拥堵。另外，现今的商业建筑设计不符合现今发展的潮流，商业建筑的结构、形式较单一，商业空间的构成缺乏多元化，人们只能在特定区域购买特定的商品，招商引资的过程中会受到一定的阻碍，无法激起投资商的兴趣，进而制约着商业空间的发展。

三、商业建筑设计的对策与建议

（一）商业建筑的设计与城市空间构造相协调

商业建筑的设计应与城市空间构造相协调，在商业建筑设计时应用空间句法理论模拟出空间模型，进而在图纸上对本城市空间构造认真分析，找出商业建筑设计存在的不足与问题，及时采取针对性的方案，可对某部分的空间构造进行片区划分，产生出无数的小商业功能区，合理利用土地，使商业建筑不会阻碍交通的顺畅运行，为人们带来方便的同时也能带来一定的经济效益和社会效益。

（二）商业建筑设计要创新思维，突出特色

合理应用空间局理论，结合城市特点进行商业建筑设计，在设计的时候可进行一定的

走访调查，查看地理位置，如果地理位置不佳或者是地理位置较好，都要综合进行考虑，以防在商业建筑设计时出现人流不畅或者是人流稀少的问题，突出商业建筑设计的特色进而与城市空间构造产生某种联系，使人们印象深刻，使商业建筑设计的功能作用更加鲜明，更受人们的欢迎和喜爱，商业建筑设计也能与市场发展潮流相适应。

（三）商业建筑的设计可促进商业空间的转型升级

现阶段人们对于商业建筑的设计要求更高，其不仅要有购物、娱乐功能，还带有休闲的特点，使人们在繁忙的工作和生活中可以得到身心的放松，在某一区域进行商业购物时不出该区域就能享受到各种服务，同时也能体会到该商业区域的特色与设计的人性化。基于此，商业建筑的设计应切实符合商业空间的布局，应摒弃传统商业建筑设计统一化，优化商业空间的转型升级，扩充商业中心，创新性的与现今市场发展潮流相结合，全面带动周边区域的商业发展，依托"互联网＋"技术，形成商业网络区域，将商业空间发展为网络化的区域，激起人们的兴趣，进而产生更高的效益，带动相关产业的发展。

基于上述的分析，可见空间句法理论对于商业建筑的设计有一定的影响和作用，利用空间句法理论建筑设计的工作效率更高，人们也能更加形象、直观的了解建筑设计区域的实际情况，进而采取更加具有针对性的措施进行商业建筑的设计，同时可促使城市空间构造协调发展，促进商业空间的区域更完善，商业结构更加合理，进而为人们带来更好的服务，促进商业建筑设计的创新性发展，进而构建更加美好和谐的社会。

第七节　视觉传达理论的建筑照明设计

本节对视觉传达设计的建筑照明设计进行了分析，提出基于视觉传达理论的建筑照明最佳设计方案。

一、建筑照明视觉传达设计概述

（一）建筑照明视觉传达设计

建筑照明不仅要满足功能需求，还要将人们的注意力吸引到被照明物体的形态特征、色彩关系、空间层次、明暗关系、肌理质感以及动静关系上。视觉传达设计指的是利用视觉符号传递各种信息的设计。视觉符号指的是通过眼睛看到的能表现事物的一定性质的符号，"传达"就是信息发送者通过符号向受众传递信息的过程，既可以是个体内的传达，也可以是个体间的传达，其传达过程可以概括为"信息传达者——传达信息——受众——传达效果"四个方面。视觉思维与视觉传达设计相互联系、密不可分，视觉传达设计作为信息的发送者，受众作为是信息的接受者，设计师的设计和受众的信息接受，都需要通过视觉符号进行信息传递，从而对视觉意象进行分析、概括、加工和整理。建筑外部照明设计实际上是一种视觉传达设计，照明设计中，设计人员必须打破传统的设计方法，利用视觉传达设计有关方法科学的指导建筑照明设计。

（二）建筑照明设计流程

基于视觉传达设计的建筑照明设计主要包括准备、构思、设计和制作四个阶段。准备阶段主要是考察、分析和预测建筑的具体环境，比如业主要求、市场需要、建筑内外部环境的搭配等。将前期的这些情况进行充分的了解和熟悉之后，设计师才能进行方案的巧妙构思，根据方案的主题选择几个方案进行分析对比，从中优选出最佳设计方案。设计过程中要加强与客户的交流沟通，征求业主意见，明确详细的制作流程，最终确定设计作品，经过相关专家审核后，安排专业人员进行灯具的安装，并做好后续相关维护工作。

二、基于视觉传达设计的建筑照明设计方法

（一）形态设计

随着照明技术的发展，越来越多的设计师开始借助灯具来塑造建筑照明的形态，主要有三种形式。一是界面形态塑造。通过建筑界面的形态来塑造建筑照明的形态，比如墙面以漫反射照明塑造建筑照明的形态。二是灯具塑造。建筑照明以点线形态存在，比如可以将圆形灯具塑造成空间的景观照明，除了满足照明需求外，作为一种装饰、装修构件，灯具造型直接关系建筑空间的美感和视觉效果。三是建筑照明发光体塑造。比如夜景照明通过建筑照明发光体塑造建筑照明的形态，或通过半透明材料塑造出体积感，展现建筑照明的艺术魅力。

（二）色彩设计

建筑照明色彩设计要充分考虑特定的环境，满足不同人群审美心理。比如传统建筑的照明要体现建筑物的博大、纯净，现代建筑要体现建筑物和平、放松；概念建筑体现建筑物的科技感给人以想象。可以采取三种方法来塑造。应用霓虹灯管、彩色荧光棒等照明光源；运用色彩的混合原理，在投射光源上添加变色滤镜，将混合色投到建筑物上产生丰富的色彩；用有色 UV 材料或半透明软性可塑材料制作空间安装光源展现朦胧效果。

（三）质感设计

根据照明原理，在建筑物上方沿 45 度角光源投射能较好地体现建筑物的质感，建筑物外立面的长、宽、高度三个维度得以充分展现，因此光源投射要考虑到建筑外立面构造材料光源的反射系数，不同外立面材料投射出来的光的质感也会因为亮度、角度和材料表面粗糙度的不同，展现出不同的肌理感，从而彰显建筑物外表面不同的质感。建筑照明质感设计要围绕建筑材料纹理的合理展现，综合考虑建筑材料质地、反射系数和照明的光泽度、投射角度等多种因素，处理好各方面的关系，创造出较强质感照明的设计作品。

（四）动态设计

建筑照明的视觉体验是一个不断动态变化的过程，人处在多维度空间会因为物体或影像的不断更新更好的认知整体环境的。有关研究表明人处在一个动态的建筑照明环境中，视觉感知系统更为活跃，动态的建筑照明能较好地保持视觉的敏感性，更容易吸引人的眼球。

（五）立体感设计

当建筑照明光源投射到建筑外立面然后通过外立面材料反射等产生的阴影会增加建筑物外立面的丰富性，呈现更加立体化的效果，给人更有质感更雄浑的可视感。相关研究显示由于建筑物左右两面最佳照度的明暗差异会增加立体感，较小的左右照度差会造成阴影模糊显得建筑平淡，较大的左右照度差会造成十分强烈、过渡不柔和的建筑阴影，细节感不好。将左右照度差科学的控制在 1 ：3—1 ：5 之间，会产生适宜的阴影强度从而呈现最佳立体效果。当点光源在建筑物外表面投射时，能凸显建筑照明的光感、立体感和质感；线光源投射建筑物外轮廓时，建筑物清晰的结构和精致的节点效果能得以凸显；面光源投射到建筑物表面能产生较好的柔和感，对点光源、线光源和面光源进行科学的调整，合理控制照明光线的方向和数量，体现建筑外立面的丰富的照明效果，增加建筑照明的立体感。

（六）节能设计

照明节能设计时巧借自然光，充分考虑自然光的利用，减少室内人工照明的利用频率；室外景观灯可以设计为太阳能灯照明；对一些能借用自然光的灯具，或者经常改变照明亮度的灯具，采取分片方式，自动控制开停，在满足照明的效果的基础上将节能效果降到最低。另外，设计时要在照明质量需求得到满足的情况下，尽量选用高效节能光具，比如选择细管径的直管荧光灯、紧凑型荧光灯、LED 灯等。悬挂位置较高的灯具，可采用高压钠灯、金属卤化物灯或镇流高压荧光汞灯等灯具，既经济适用又视觉美观，最大限度地节约了能源。灯具悬挂位置较低时一般采用荧光灯，不适合管形卤钨灯和大功率普通白炽灯的使用。还需要注意的是要根据照明的不同功能特点，采取分区控制灯光的方式，适当增加控制开关，用节能型开关改进灯具的控制方式，减少能源消耗。

本节对基于视觉传达设计的建筑照明设计方法进行了分析，具体从建筑照明的形态设计、色彩设计、质感设计、动态设计、立体感及节能设计等方面进行了阐述，以期更好的保证建筑照明实现高效节能、环保、安全、舒适等多方面功效。

第八节　基于模糊理论的建筑景观空间优化设计

模糊理论自创立至今已有 40 余年。然而它却是一个充满争议的领域，主要原因之一是人们对"模糊"这两个字的误解。一方面是对理论内涵的误解，生硬地认为模糊理论即"模糊的理论"，另一方面是对理论外延的误解，片面地认为模糊理论即"模糊控制理论"。为达到消除误解、澄清事实的目的，本节在前人工作的基础上，从模糊理论的模糊理论的产生背景与基本思想等方面出发，研究基于模糊理论的建筑景观空间优化设计，希望能为相关人员提供理论参考依据。

塑造环保、美观的建筑景观空间环境是各建筑设计人员的最终目标。随着环保意识和艺术审美观念的提升，立体绿化成为当前建筑景观空间设计的重点方向。"模糊化"是建筑景观空间的基本特征，可确保建筑屋顶、墙面等处的绿化同绿色景观融为一体。而传统基于视觉的建筑景观空间设计方法设计效果直观性差，用户满意度低，得到的建筑景观空间效果较差。因此，本节提出基于模糊理论的建筑景观空间优化设计方法，获取更为直观、合理的建筑景观空间，提高建筑景观的利用度和价值度。

一、模糊理论的产生背景与基本思想

从 20 世纪 40 年代发展起来的经典自动控制理论和现代控制理论在许多领域中取得了辉煌的成就，但在很多工业过程控制中却难以用传统的控制技术来实现自动控制，至今仍必须由人工操作。这是因为经典控制理论主要解决线性系统的控制问题。现代控制理论可以解决多输出的问题。但它们最大的局限性是必须建立被控对象的数字模型。对于工业被控对象，其机理较复杂，多数具有多变量、非线性、大延滞和随机干扰强的特性。因此，很难建立满足要求的数学模型。另一方面，有些计算机控制系统因模型不准在控制效果上不如手动控制。有经验的操作人员和技术专家进行手动控制，就可以收到令人满意的控制效果。20 世纪 60 年代初期，L.A.Zadeh 作为控制论中很有威望的学者，他认为经典控制论过于强调精确性反而无法处理复杂的系统，正如他在 1962 年的文章中提到的，"在处理生物系统时，需要一种彻底不同的数学——关于模糊量的数学，该数学不能用概率分布来描述"。后来，这些思想于 1965 年正式形成了开创性文章——模糊集合。模糊理论就是在模糊集合理论的数学基础上建立起来的，经过数十年的发展与完善，主要包括模糊集合理论、模糊逻辑、模糊推理和模糊控制等方面内容。其基本思想可以概括为：接受模糊性现象存在的事实，而以处理概念模糊不确定的事物为其研究目标，并积极的将其严密的量化成计算机可以处理的信息，不主张用繁杂的数学分析即模型来解决模型。

二、基于模糊理论的建筑景观空间优化设计

（一）建筑立体绿化模糊化形态

目前的建筑具有开放式特征，建筑景观空间不是单独呈现在某个建筑空间界面中，而是在建筑中实施整合，处于不同的建筑界面中，建筑、自然以及室内部件相互关联、渗透以及包裹，组成总体建筑景观空间。建筑景观空间大多数是综合模糊化，建筑立体绿化交互使用在不同的建筑空间内，完成建筑空间的模糊化。

（二）立体绿化模糊化的技术手段及生态性

由于科学技术的快速发展，建筑景观设计出现了较多的新措施，如通过支撑构架以及人工种植基盘对植物实施固定，塑造完整的建筑景观空间，其中含有完整的灌溉系统。新措施为建筑景观空间的模糊化状态提供了技术支撑。

1.直壁容器式绿化系统

直壁容器式将植物栽种在不同的容器内，容器同地面平行，容器部署到不锈钢、钢筋混凝土等支撑架构中，构成立体建筑景观。基于容器同支撑架构受力角度的差异性，直壁容器式垂直建筑景观包括固定方式、摆放式、悬挂式以及一体式集中类型。其中的一体式集中类型在板块中部署不同的容器，将支撑面板同容器连接成一个完整的种植装置，融合多个一体式容器得到完整的建筑绿化景观墙面，并且对不同的一体式容器实施拼装可获取相应的图案。直壁容器式绿化系统内的植物呈现良好的生长趋势，该景观方式满足植物生长方向，可拥有临时建筑景观墙面绿化，完成建筑和景观的模糊化处理。

2.垂直模块式绿化系统

垂直模式建筑景观空间包括绿化模块、结构系统以及浇灌系统。绿化模块能够种植绿化植物，通过结构系统部署到建筑内形成相应的建筑景观面；支撑架同种植面板以及建筑墙面相连接，通常通过耐腐蚀以及高强度的不锈钢铁框架确保景观种植面板的稳定性。绿化模块的结构方式包括容器骨架式模块、卡盆式模块、种植盒模块以及介质模块。其中的容器骨架式模块是垂直模块，能够提高建筑植物绿化的可视度。通过人工对容器中的土壤实施改良，为植物提供生长所需的养分，采用不锈钢固定骨架构成建筑绿化立面，该模块通常在小规模绿化项目中应用。介质模块不存在种植基盘，由植物生长混合粉末、椰子纤维外皮以及发泡膜等构成，平时仅需在灌溉水内融入营养液和无毒杀菌杀虫剂，可确保植物的正常生长。垂直模块式绿化植物具有较高的实用性，其垂直面能够确保植物覆盖率达到100%。模块部署鉴别能够实现总体建筑墙面以及顶棚的覆盖，确保不同空间构成同一整体，完成模糊化状态，并且也能够实施任意拼接，塑造优质的建筑景观效果。

（三）基于模糊综合评价法的建筑景观空间评价

在模糊数学的综合评价方法的基础上得出模糊综合评价法。其用模糊数学的隶属度理论将定性评价变成定量评价，把受制于各类因素的事物和对象用模糊数学的方法进行整体评判。其可把不清晰、无法量化的问题处理好，适用于处理多种不确定性的问题，有结果明了、系统性强的优点。依据建筑景观空间"创意性"的主观色彩明显的特点，采用模糊综合评价法分析满意度。在评价指标和评价因子的基础上，建立评价因子集，包括 16 项：[U=][个性化的标识系统和导视系统 [u1,] 有雕塑、涂鸦等艺术景观因素 [u2,]…，视线的开阔程度 [u16]]，创新阶层再对上述因子进行依次打分，评语分为五级，评语集 [V=][很满意 [v1,] 满意 [v2,] 一般 [v3,] 不满意 [v4,] 很不满意 [v5]]。将因子集和评语集之间构建起模糊关系，并把各类评价因子的隶属度计算出来。模糊关系矩阵 [R1,][R2,][R3] 即是由统一获得的因子模糊评价矢量得出，其相应的建筑景观空间类型分别为建筑出入口、步行街以及绿地广场。

为了解决传统基于视觉的建筑景观空间设计方法存在设计效果直观性差以及用户满意度低的问题，提出基于模糊理论的建筑景观空间设计方法，其对建筑景观实施直壁容器式绿化系统或垂直模块式绿化系统的立体绿化模糊化形态处理，实现总体建筑墙面以及顶棚的覆盖，确保不同建筑景观空间构成同一整体，完成建筑景观空间的模糊化操作。

第三章 建筑设计的基本内容

第一节 建筑消防安全疏散设计

如今，越来越多的建筑拔地而起，给人们的生活和工作带来许多便利条件。要高度重视建筑消防安全工作，一旦建筑发生火灾，却没有完善的安全疏散方式，就会给人们的生命安全带来巨大威胁。因此，必须要做好建筑消防安全疏散设计工作，有效保证人民的生命安全与财产安全，最大程度减少损失。本节主要对建筑消防安全疏散设计中存在的问题进行分析，并提出安全疏散设计的具体方法。

现代建筑层数较高，在对人们进行安全疏散时，会耗费许多时间；一旦发生火灾，烟气与火势会迅速向上蔓延，增加安全疏散的难度。高层建筑的人员多，如果疏散通道处理不到位，就可能会在疏散时出现人群拥挤、甚至互相踩踏的情况。因此，必须要加强消防安全疏散设计工作。

一、建筑消防安全疏散设计中存在的问题

在许多建筑中，安全疏散出口数量有限，宽度不足，或者疏散距离比较长，这样必然会增加疏散时间。为了节省成本，一些建筑的安全疏散方式主要是以楼梯与出口为主，这样虽然可以增加使用面积，却在无形之中增加疏散的安全隐患。不同建筑的结构存在一定差异，不过，楼梯之间通常会贯通地上和地下，并未对其进行明确分割。还有一些疏散指示标志缺失，或者设置不规范。

在一些高层建筑中，楼梯间与走道的面积会被缩减，这样就可以扩大建筑的使用空间，然而会削弱建筑的防排烟和自然通风功能；原本具备消防功能的电梯被设计成普通电梯；在设置竖井和排烟口时，会在消防前室周围摆满竖井，排烟口则布置在前室附近，一旦发生火灾，就意味着疏散口与排烟气流会汇集。设计连通阳台时，没有考虑到其与疏散楼梯间、前室等公共部位的连接问题。

二、建筑消防安全疏散设计的措施

（一）延长危险到来的时间

要合理设置防火分区，促进用户顺利撤离到安全地带。建筑层数越高，用户的撤离时间越长，而烟气和火焰的蔓延速度会非常快，因此，这就需要合理设计水平与竖直方向的防火区域，使火灾能够在一定范围得到有效控制，使其不会很快波及用户。加强对自动灭火系统、排烟系统和消防控制系统的设计。自动灭火系统能够对刚刚发生的火灾进行有效控制，避免火势进一步扩大。灭火系统包含的种类较多，可根据建筑特征选择相应的灭火系统。

（二）缩短疏散开始时间

缩短疏散开始时间，能够有效保证人们充分逃生，减少人员伤亡。要在最短时间内探测到火灾的发生，并在最短时间内通知火灾发生情况，这样就可以为疏散争取最佳时机。要在建筑内设置完善的火灾探测系统，及时探测到火灾。要设置警铃与扬声器，在第一时间内通知建筑内所有用户，教授其安全撤离的方法。

三、缩短疏散行动时间

（一）设计完善的疏散路线

许多高层建筑的结构比较复杂，内部走廊较多，这样就会导致用户在紧急疏散时比较盲目，不能立刻识别方向。因此，要合理设计疏散路线，确保安全疏散通道和方向容易被人识别。要设置醒目而容易辨认的疏散指示标志，使建筑内部人员能够清晰可见，按照标志开始撤离。在设计疏散路线时，还要考虑到人们的使用习惯，尽量选择人们熟悉的路线，将路线设计在人们经常使用的地方，加强对楼梯间与疏散出口的合理设置，这样就可以方便人们安全疏散和撤离。

（二）设计合理的安全出入口

在设计安全出入口时，需要考虑到出数量、宽度等要素，还要保证安全疏散后的出口没有阻碍。首先要加强对安全出口宽度的设计，要进行精确的计算后确定总宽度。确保出口的宽度充足，这样就可以减少疏散时间，使人员可以尽快撤离，减少人员伤亡的可能性。不同的建筑场所对安全出口的总宽度会有不同的要求，在相关规定中，对于不同场所的疏散总宽度百人指标均有明确规定，体育馆、商场、学校等大型场所的指标均不同。进行高层建筑安全出入口设计时，需结合相关标准和场所的功能进行设计。第二，保证安全出口畅通无阻。安全出口很容易被一些杂物堵住或者直接被锁住，这样就使其很难在关键时刻发挥作用，增加疏散安全隐患。还有一些管理人员缺乏必要的安全意识，常常会在安全出口处放置杂物，或者直接封闭，这样会带来极大的安全隐患。因此，要合理设计安全出入口，既要按照要求和标准进行设置，还要充满安全意识，最大程度保证出入口畅通无阻。

（三）设置安全疏散距离

在设置安全疏散距离时，要考虑到高层建筑的房门与最近外部出口或者楼梯间的距离是否合理。为了有效缩短疏散时间，实现人员尽快撤离，就需要对这一距离进行明确设置。要结合建筑的用户密集程度，建筑的疏散能力与建筑房间使用目的设置安全疏散距离。根据场所的不同与用户的区别，在设计安全疏散距离时就要有严格的差异。比如，学校教学楼一旦发生火灾，学生因年纪小，承受能力差，就可能会因惊慌失措而在疏散时出现混乱情况；医院中的病人在面临火灾时就会面临行动不便的问题，需要别人的帮助。总之，在确定安全疏散距离时，需要具体情况具体分析，合理设置距离，宗旨就是实现人们安全疏散与顺利撤离。

（四）科学设计避难层

在建筑安全疏散设计中，避难层也是重要的设计内容，多见于高层建筑中。避难层主要是为受灾人员提供临时避难的场所。高层建筑中的人员数量大，在进行安全疏散时会耗费许多时间，随着层数的不断递增，避难层的设置就显得尤为必要。设置避难层时，可适当缩小范围，这样就可以满足安全疏散的需求。如果建筑层数超过 100 米，就应该设置避难层。首先可设置专用避难层，这一类型避难层是垂直交通设施和核心部位的设备，要采用耐火能力极强的墙对其进行保护，确定人均占用面积满足要求。其次是与设备层相结合的避难层。这种类型的避难层应用范围比较广泛，同样需要耐火能力极强的墙保护，一般会将其在管道和设备中集中设置，并充分满足疏散人员的停留面积需求。

综上所述，为了实现安全疏散，最大程度避免人员伤亡，就要合理加强消防安全疏散设计。一旦发生火灾，就要对人们进行安全疏散，要缩短疏散时间，争取最佳逃离时机，而这则离不开科学的消防安全疏散设计。

第二节　建筑钢结构设计

随着中国钢铁产量的大幅增加，建筑市场上使用的各种钢材在产量和品种性能方面都得到了很大发展。由于钢结构建筑施工速度快，承载力高，整体刚性好，抗震性能好，已逐步取代庞大的钢筋混凝土结构。本节主要探讨了现代钢结构的特点和设计要点，以供参考。

目前，随着城市经济的发展，中国钢结构的发展也开始迅速崛起。作为一个绿色环保的建筑，钢结构房屋已开始被用作重点推广项目。人们的生活水平越来越高，对钢结构建筑的设计提出了更高的要求。因此，为了追求工业建筑结构设计更具安全性，可靠性以及经济适用性，加快新型轻质环保建筑材料的研究和应用是重中之重。结构工程师应充分发挥其创新能力，创造更多绿色和优秀的建筑钢结构。

一、现代建筑钢结构的特点

（1）预工程化程度相对较高，施工成本降低，工程的施工周期缩短。钢结构建筑具有统一的标准，模数协调等特点，提高了建筑的工程化程度，改善了建筑物的前期工程。使不同材料，不同形状和不同制造方法的建设，同时钢结构的预制工程使材料加工和安装一体化，大大降低了施工成本；并加快施工速度。施工的周期可缩短 40% 以上，并且可以加快房地产开发商的资金周转速度，使建筑物能够更早的投入市场使用。

（2）符合可持续发展的理念。改革开放以来，我国提出了可持续发展的理念和理论。经济发展逐步转变为以绿色环保为中心，钢结构的特点符合可持续发展的需要。钢结构的基本材料部分可以在工业化生产，它具有高效率和高强度两个特征。更重要的是，钢结构具有很强的支撑能力。另外，采用钢结构后，钢结构生产的刮削材料可以回收利用，达到资源回收循环使用。

（3）强度高，重量轻。钢结构较为坚固，弹性模量较高，在相同的承重条件下，它可以比其他建筑材料比如传统的钢筋混凝土结构相比较可以节省很多的空间和材料，增加了建筑结构的使用面积。此外，由于钢结构重量轻，建筑结构趋于更加稳定和平衡，减少了地震等外力的影响。

二、筑结构设计中存在的问题

（一）和物理的相关原理相冲突

钢材具有很强的导热物理性能，为了确保建筑物内的温度恒定，必须综合考虑建筑物的钢结构设计，并且不能将热传递从建筑物的外部传递到建筑物内部，并且透过窗户玻璃传递。因此，有必要测量可以在建筑物周边吸收的最大热量。如果需要建筑具有更好的保温效果，则需要更好地设置建筑物，以确保良好的保温效果。

（二）建筑钢结构复杂性问题

建筑行业钢结构的复杂性会导致在实际的应用过程中出现诸多的问题。例如，焊接裂缝是建筑钢结构中的经常出现的问题。当建筑物受到高温的影响时，建筑物的表面，内部和金属结构中可能出现裂缝，对建筑的质量会造成很大的影响。因此，建筑工人需要进行勘探工作并分析裂缝的具体原因。

（三）建筑钢结构可变性问题

建筑钢结构施工是一个长期的建筑施工项目，钢结构问题的会慢慢显露出来。在初始阶段，建筑结构可能会出现较小的裂缝。而随着工程过程的进展，它将受到外界的极大影响，导致出现更大的裂缝。一旦其受到更多的力的影响，它将由于钢结构而导致严重的裂缝，负载的承载能力变差。在长期较重的压力下，钢结构会发生变形，严重影响施工项目的施工质量。

三、建筑钢结构设计要点

（1）基础设计是建筑结构设计的重点，钢结构设计也不例外。其设计的原则应根据工程，水文地质条件，荷载大小和分布，建筑体形状和功能要求，相邻建筑物基础形式和施工条件等综合的具体实际因素考虑基础设计，并选择科学合理的基础设计方案。

（2）选择合理的钢材和焊接质量等级。在实际施工过程中，必须要求设计人员在钢结构的设计方案中明确地指出所需钢材和焊缝的质量等级，从而避免在施工后钢结构出现严重的稳定性问题。此外，为了确保建筑物的钢结构稳定性，要求所选择的钢材料需要具有某些特性，例如具有一定的拉伸强度和伸长率。在此基础上，要注意焊接接头的处理方法，确保焊接质量符合施工项目的施工标准。

（3）钢建筑结构布局设计合理性。在实际的结构设计工作中，强调结构布置的合理性是科学分析建筑钢结构设计的关键要点之一。为了强调结构布置的合理性，设计人员需要严格依据建筑物钢结构的设计方案中的总体规划和使用要求，强调结构布置的工作措施，从而促进钢结构设计目标的实现。另外，在强调结构布局的合理性的同时，科学合理的优化建筑钢结构的设计过程，可以有效地改善建筑钢结构的设计合理性，保证建筑钢结构的稳定性。

总之，在做钢结构建筑设计时，应根据其实际的优缺点，选择合理的结构形式以及施工方式，做出完整的设计，科学合理的项目工程，让设计更加的安全经济，符合我国绿色可持续发展战略方针。

目前，随着城市经济的发展和工业厂房的增加，中国钢结构的发展也开始迅速崛起。作为一个绿色环保的建筑，钢结构房屋已开始被用作重点推广项目。人们的生活水平越来越高，对钢结构建筑的设计提出了更高的要求。因此，加快新型轻质环保建筑材料的研究和应用是建筑发展的必要趋势，结构工程师应充分发挥其创新能力，创造更多绿色和高质量的钢结构建筑。

第三节 建筑幕墙的节能设计

随着社会的发展和人们审美观念的提升，建筑幕墙就此诞生，其优势在于能增加建筑的现代感，起到很好的装饰作用，对延长建筑使用寿命，改善建筑外结构具有重要作用。我国是建筑幕墙的最大使用国，传统的建筑幕墙设计节能效果极差，建筑幕墙在调节温度、湿度的时候需要消耗大量的电力资源。随着现代建筑技术的快速发展以及可持续发展社会建设的不断推进，建筑幕墙节能设计成为了当下研究的热点。基于此，本节采用文献综述法，对建筑幕墙节能设计基本原则和节能技术在现代建筑幕墙设计中的应用进行了概述，为提高我国建筑幕墙设计水平提供理论依据。

一、高层建筑幕墙工程中节能技术应用的重要性

近年来，随着我国经济社会的持续发展，城镇化、现代化水平的不断提升，促进着建筑行业也在持续不断地发展进步。然而，建筑行业作为高能耗的行业之一，虽然对于我国的经济社会发展有很好的促进作用，但是过度的能源消耗和环境破坏依然成了制约发展的重要因素。据调查显示，目前在我国的建筑面积已达 500 亿 m2，但节能建筑仅占 1%。幕墙是高层建筑的外墙围护，没有承重作用，是一种带有装饰效果的轻质墙体，一般由结构框架和镶嵌板材构成。但是幕墙在建筑节能中有很重要的影响，科学合理的选择幕墙材料和设计施工幕墙，都能有效地降低建筑耗能。

二、建筑幕墙节能设计的基本原则

现代建筑幕墙设计不仅具有美化建筑结构，增加建筑艺术感的作用，而且能够起到调节建筑内外环境，延长建筑使用寿命，节能、环保的效果。服从于建筑设计是幕墙设计的根本，也是幕墙节能设计首要遵循的规则。幕墙设计的效果直接关系到建筑设计的整体观感和质量，为此，幕墙设计的工作开展首先要服从于建筑设计。如果幕墙设计忽略了建筑设计，只是生硬地照搬其他幕墙产品的建筑，那么设计出的产品就偏离了施工企业的原意。倘若不能遵循幕墙节能设计的根本原则，而是放任其随意设计，单纯地追求建筑外观效果，忽略了建筑的整体设计，那么建筑只能是一件艺术品，而无法成为实用的建筑。

三、现代幕墙设计的基本要求

在现代建筑工程项目的设计过程中，由于幕墙设计的比例偏小，常常被设计师所忽略，设计师常常只关注于幕墙设计的美观与否，能源消耗的问题仿佛不值一提，大大影响了现代建筑物的功能和结构。因此现代幕墙设计需要设计师严格按照现代幕墙的实际设计要求，有效开展现代幕墙的设计工作。现代幕墙设计的基本要求主要包括以下几点：

（一）保证幕墙设计的整体坚固性

幕墙作为建筑的外部结构，需要承受一定的外力，比如在台风或者地震的时候极易遭受到不同程度的损坏，因此在建筑设计上，一定要高度重视幕墙整体坚固性的设计，合理的坚固性设计对于防范一些自然灾害，减少人身、财产损失具有一定程度的作用，也是不可忽视的一部分。目前我国幕墙的主要建筑形式中，玻璃幕墙和金属幕墙因为其自身重力小、材料伸缩性大的原因，对于它们的牢固性要求也就自然而然的降低了。但是钢筋混凝土幕墙由于采用了脆性材料，难以变形，极易遭受外在力量的磨损，是特别需要注意的一

个设计技术缺陷。随着国家各级部门对节能环保政策的不断强化,幕墙行业逐渐发展壮大,从原来简单常规的建筑发展为融合节能理念的新型幕墙设计,作为一个快速发展的新兴事物,其工程质量需要重新审视和理解才能真正把握。在幕墙设计上,不仅要究其源头,审查所选幕墙材料的质量,也要严格规划幕墙工程的施工标准。

(二)注意幕墙设计的整体美观性

幕墙主要悬挂在建筑物主体结构的外墙上,不仅具有一定的外部维护性,同时也起了美化建筑物的作用和意义,因此在现代幕墙设计上也需要融合现代美学、艺术学、建筑学等学科知识,在保证幕墙耐用性与可行性的基础上,给人带来感官上的享受。幕墙整体美观效果设计也是现代幕墙设计的基本要求之一,随着时代的发展和建筑设计理念的进步,现代幕墙设计的基本要求也在随之改变,并且不断进步。

四、幕墙工程中的节能资源

(一)太阳能

太阳能指的是太阳的热辐射能,具有的显著特点为:可再生性(取之不尽用之不竭)、清洁无污染性、普遍性和强大性。目前太阳能已经成为人类使用的能源中非常重要的一种。太阳能的开发利用技术也在科技的不断进步中,得到了进一步的研究和应用。太阳能转换技术是太阳能利用中非常关键的、核心的技术之一,它将太阳能有效地转换为人们可以日常使用的能源,包括电能、光能、热能等,从而降低了对煤炭等不可再生资源的消耗。利用太阳能转换技术,在幕墙工程中可以实现良好的节能效果,对于建筑行业的可持续发展有着重要意义。

(二)风能

风能指的是空气在流动中所产生的动能。在我国的建筑行业中,将风能转化为电能是一项极具创新性的技术。同太阳能一样,作为一种重要的、可再生的、清洁的自然资源,对于建筑的节能环保有着良好的效果,对于建筑行业的可持续发展意义重大。另一方面,风能和太阳能又是两种独立的能源,各自有着应用的局限性。因此,将风能和太阳能进行有机的结合,共同构建与完善自然能源转化系统,便可以突破诸多条件的制约,例如,阴雨天不能利用太阳能可以利用风能,无风时不能利用风能可以利用太阳能。

(三)地热能

地热能指的是在地壳中抽取的天然热能,进一步通过先进的技术手段将其提取出来并为人们的生产生活所用,同时也能为幕墙工程所用,使得建筑工程的能耗大大降低。地热能与太阳能、风能具有很大的相似性,都是可再生、清洁、重要的自然资源。但是地热能的开发利用与太阳能、风能相比具有更大的困难性,当前需要更多的研究和推广,才能发挥更重要的作用。

随着科学技术的不断发展，建筑幕墙门窗节能技术和新材料的应用也会不断地完善。通过合理的选择建筑幕墙材料及先进幕墙门窗节能技术，使建筑幕墙门窗、建筑节能及建筑设计进行有机的结合，通过幕墙门窗来实现现代建筑设计的多样性效果，使我们的建筑真正成为绿色的生态建筑。

第四节　水利水电建筑设计

在水利水电事业中，建筑是非常重要的一部分。水利水电建筑内部包含着水利水电设施，是水利水电装备安全和稳定的保障。由于水利水电建筑是一个大型的工程且功能多样，所以在其设计上要求较高较严格，这对设计师来说难度也比较大。这里介绍了水利水电建筑的设计内容，通过对设计内容的阐述，发现了水利水电建筑设计过程中有哪些问题需要特别注意。

一、水利水电建筑设计内容

（一）总体设计

水利水电建筑的总体设计不仅包括建筑物主体还包括其配套的设施，泵站、坝、闸等都是建筑物的主体，配套设施包括生活用房、活动场地等。以往的建筑设计总是忽略对环境的规划和配套建筑的设计，没有提前布局的建筑在建设时往往会出现布局不合理，排列混乱等情况。在规划布局的过程中，满足基本功能的同时要将功能区划分明确，合理布局。在内部交通上，要畅通无阻，各功能区有自己的独立区域，联系方便但互不干扰。在建筑设计中也要多考虑环境因素，使得建筑整体丰富和谐。

（二）建筑的造型

从中国的传统建筑来看，一般以秦岭—淮河分界线分为南北两派，北方建筑一般粗犷豪放，受当地气候等影响，符合北方人的性格特点，南方建筑一般秀丽婉约，与当地环境相关，也符合南方人的性格特点。在实际设计过程中应该结合周围的环境，设计出与周围环境和谐一致的建筑，而不是为了追求自己想要的风格，不考虑周围建筑环境，致使最终设计出的建筑与周围环境格格不入。

（三）建筑使用的材料

建筑的整体造型受其使用材料的影响，影响的范围包括建筑的质感和颜色。在材料的选择上，要考虑多方面的因素，如它的耐脏性和抗风性，这是由建筑周围的环境所决定的。关于耐脏性的要求，需要耐脏的只是建筑物的外层，所以在建筑物外部材料的选择上，应该选择石材、铝塑板等不容易积灰、耐脏、能够承受雨水强力冲刷的材料。

二、水利水电建筑设计要留意的问题

（一）考虑经济问题

在水利水电建筑过程中，设计师在设计中应该充分考虑业主给的预算和其经济实力，以此为基础进行设计，切忌一味追求自己的完美设计而忽略业主的经济承受能力。在有经济限制的情况下，设计师可以分析研究自己的建筑设计，在一些不重要的地方减少资金的耗费，如可以减少建筑物不必要的雕刻装饰，从而减少资金的投入。在此过程中节约的资金可以用到该用的地方去，如建筑物的重点装饰部分，这样既能保证建筑物整体上的美观，又能做到经济节约。

（二）加强沟通交流

在设计中设计师不能只是单方面的根据自己的想法去设计，应该加强与业主的沟通交流，满足业主对水利水电建筑的要求，才能设计出双方都满意的建筑方案。业主对水利水电建筑的外观一般都有自己的要求，一般体现在业主对建筑颜色、风格上的选择，当设计师在沟通交流中了解业主的对外观等方面的需求，可以大大提高设计方案被采纳的可能性，防止设计师的设计不符合业主的需求，一次次的做无用功。

（三）提高建筑物的美观度

在设计水利水电建筑时，虽然要考虑经济实力，但建筑也要做到美观实用，秉持美观、经济、适用的原则，不要将经济和美观放在对立面上。在设计时，可以结合建筑与其他方面的联系和其自身特点设计出建筑自身的风格，赋予设计艺术气息。设计师可以运用美学规律和科学规律围绕自己的构思和立意进行设计，在深思熟虑后通过材料、技术、色彩等方面表现自己的想法。

水利水电建筑的设计工作需要技巧性和系统性两个方面的结合，对其中的细节要格外注意。这里介绍了水利水电建筑的设计内容，通过对设计内容的阐述，发现了水利水电建筑设计过程中有哪些问题需要特别注意。设计师如果在设计中能注意到这些方面，就能设计出更好更完善的水利水电建筑方案。

第五节　建筑电气设计

结合实际，重点阐述了建筑电气四个子专业的具体设计内容——供电系统、照明系统、减灾系统、信息系统。

一、供电系统

建筑供电主要是解决建筑物内用电设备的电源问题。包括变配电所的设置，线路计算，设备选择等。

（1）电力负荷的计算。电力负荷是供电设计的依据参数。计算准确与否，对合理选择设备、安全可靠与经济运行，均起着决定性的作用。负荷计算的基本方法有：利用系数法、单位负荷法等。

（2）高压接线。好的设计能够产生巨大的效益，这是工程师设计的主要目的。如何因地制宜，保证高低压接线的安全、合理、经济、方便，是我们的一个重要课题。现代高层建筑一般要求采用两路独立电源同时供电，高压采用单母线分段、自动切换、互为备用。母线分段数目，应与电源进线回路数相适应。只有供电电源为一主一备时，才考虑采用单母线不分段的型式。若出线回路较多时，通常考虑分段。电源进线方式多采用电缆埋地或架空引入。高压配电系统及低压干线配电方式常采用放射式，楼层配电则为混合式。现代高层建筑的竖井多采用插接母线槽。水平干线因走线困难，多采用动力与竖井母线通过插接箱连接。每层楼竖井设层配电小间，经过插接箱从竖井母线取得电源。当层数较多或负荷巨大时，可按楼层分区供电或将变压器分散布置，但要进行经济分析。

（3）低压配电线路设计。首先确定进户线的方位，然后确定各区域总配电箱、分箱的位置，根据线路允许电压降等因素确定干线的走向，管材型号和规格，导线截面等，绘制平面图。低压配电系统的各级开关，一般采用低压断路器。设计时注意选择性，保护等级不宜超过三级。重要负荷要求两路供电、末端切换，如消防电梯，要求在电梯机房设置切换装置、互为备用。配电设计包括配电系统的接线、主要设备选择、导线及敷设方式的选择、低压系统接地方式选择等。

（4）继电控制与保护。没有十全十美的系统，没有100%可靠的设备，对于各种突发的意外情况，对关键点进行保护，是电力系统工程师的职责之一。

（5）计的内容主要有：变配电所的负荷计算；无功功率补偿计算；变配电室的位置选择；确定电力变压器的台数和额定容量的计算；选择主接线方案；开关容量的选择和短路电流的计算；二次回路方案的确定和继电保护的选择与整定；防雷保护及接地装置的设计；变配电所内的照明设计；编制供电设计说明书；编写电气设备和材料清单；绘制配电室供电平面图；二次回路图及其他施工图。

（6）电梯。电梯按使用功能分类有：高级客梯、普通客梯、观景梯、服务梯、消防梯、货梯、自动扶梯等；按速度划分有：低速梯、快速梯、高速梯和超高速梯；按电流分为直流和交流梯。设计人员的任务是确定电梯台数和决定电梯功能。电梯的配置和选型，往往是建筑师根据建筑需要做出决定，但电气设计人员宜参与协商，与建筑师共同研究确定。为缩短候梯时间、提高运输能力，采用高速电梯、分区控制和电脑群控已经是常见的。

二、照明系统

电气照明设计包括设计说明、光源选择、照度计算、灯具造型、灯具布置、安装方式、眩光控制、调光控制、线路截面、敷设方法和设备材料表等。照明设计和建筑装修有着非常密切的关系，应与建筑师密切配合，以期达到使用功能和建筑效果的统一。绿色照明是指在设计中广泛采用新的材料、技术、方法，达到节能、高效及环保的要求。

（1）电光源。选择人工光源是照明设计的第一步。从爱迪生发明白炽灯以来，电光源也几经改朝换代。了解各类电光源的特点是我们电气设计工程师的职责。

（2）照明计算。照度计算是设计的理论根据，一丝不苟地进行照度计算、三相平衡计算、灯具配光曲线选择，是照明设计的基本功。有人认为，照明设计是比较容易的一部分，那是仅仅看到照明设计人员在一个又一个画灯泡的现象，而不了解照明设计所涉及的复杂理论和在实际选型中所涉及的多种因素。

（3）环保和节能。

①环保：环境保护的重要性不言而喻，我们只有一个地球，破坏环境无异于杀鸡取卵。增强电气工程师在设计中的环保意识，是我们应尽的责任。

②节电：节省能源是我国经济建设中的一项重大政策，节约用电是节约能源中的一个重要方面，它直接关系到建筑物的运行效率和其中人们的生活、工作。节电方案的设计应根据技术先进、安全适用、经济合理、节约能源和保护环境的原则确定。采用合理的配电方式，采用高效电气设备，采用无功功率补偿和电脑优化控制等措施，节约用电。

三、电气减灾系统

（1）防雷。雷击是一个概率事件，设置接闪器等防雷装置增大了落雷的概率，但可以有效地控制雷击灾害。传统的防雷方法是采用避雷针、避雷带等，近年来用过的有消雷器和放射式避雷针，但在国内理论界基本是否定的。而提前放电和抗雷器等避雷方法理论界还在争论之中。

（2）防火。随着建筑物的日趋复杂化，功能的多样化，防火问题变得越来越重要。由于电气原因引起的火灾也在不断上升之中。建筑防火设计包括所有的设备专业，水要有喷淋、消防泵，暖通要有防排烟，电气的火灾探测器、通信和联动控制系统更是必不可少的。

（3）防空和防爆。战争和意外爆炸也是设计建筑物要考虑的问题。作为电气设计工程师，在作设计绘图中要根据需要研究和落实保安措施。

四、信息系统

（1）电视。为了使用户收看好电视节目，公共建筑一般都设置共用天线电视接收系统 CATV 和有线电视系统 CCTV。它们都是有线分配网络，除收看电视节目外，还可以在前端配合一定的设备，如摄像机、录像机、调制器，自己制作节目形成闭路电视系统进线节目的播放。进行分配系统设计时，应合理确定电视机输入端的电平范围。视频同轴电缆、高频插接件、线路放大器、分配器、分支器的选择，应注意系统的匹配及产品的质量。天线的位置十分重要的，应该选择在没有遮挡、没有干扰、安装方便的地方。

（2）电话。电话设计包括电话设备的容量、站址的选定、供电方式、线路敷设方式、分配方式、主要设备的选择、接地要求等。

（3）广播。旅游建筑的音响广播设计包括公众广播、客房音响、高级宴会厅的独立音响、舞厅音响等。公众音响平时播放背景音乐，发生火灾时，兼作应急广播用。客房音响的设置目的是为客人提供高级的音乐享受，建立舒适的休息环境。高级宴会厅多是多功能的，必须设置专用的音响室，配备高级组合音响设施，以适应各种不同会议要求。餐厅、多功能厅、酒吧间为满足各类晚会的需要，宜配置可移动的音响设备。高级饭店前厅一般要设计音乐喷泉。

（4）网络。网络设备的出现是随着信息工业的发展而出现在建筑物中的新事物。信息时代的到来，使我们的生存成了比特的组合。

（5）楼宇自控。自动控制与调节：包括根据工艺要求而采用的自动、手动、远程控制、联锁等要求；集中控制或分散控制的原则；信号装置、各类仪表和控制设备的选择等。楼宇自控是智能建筑的基本要求，也是建筑物功能发展的时代产物。楼房不仅仅是遮风避雨的居所，也是实现梦想的舞台。

第六节　城市建筑色彩规划设计

色彩作为城市语言与建筑语言中重要的组成部分，城市建筑的色彩规划设计十分重要，本节即研究了城市建筑的色彩规划设计。

城市建筑的色彩与一个城市的形象、特点和品味有着密切关系，因此，在城市建筑的规划设计中，需要特别重视色彩的规划设计。

一、城市建筑色彩规划设计的概述

对城市建筑进行色彩规划其根本目的在于对城市自有的文化特色进行有效体现，从而反映一个城市自身文明和相应的发展水平。对城市建筑色彩规划中不仅需要对城市内部建筑物的特点进行全面考虑，还需要对城市自身的文化特色、历史、气候和绿化地带等因素都有一定掌握。而且在对城市建筑色彩规划进行深入研究中，发现这一过程涵盖的方面也非常广泛，不仅仅包括建筑设计色彩规划和城市景观规划，对文化建筑和商业建筑的美观性也需要进行全面考虑。另外在进行城市建筑色彩规划的时候，并不是对建筑物进行大幅度涂色，而是需要根据建筑物自身特点和结构合理选择相应的色彩，并将城市自身特点与美学中涉及的重要内容有一个合理的体现。在进行城市建筑色彩规划的时候，需要对城市建筑物和环境都要做到深入分析，同时关注城市居民自身心理特点。

二、影响城市建筑色彩的因素

（一）自然因素

要想保证建筑物自身寿命有所延长，需要在进行色彩规划的时候充分考虑自然因素。自然因素对建筑色彩的影响主要有两个方面。第一，在进行建筑色彩规划的时候需要对建筑物所处地理位置和当地自然条件进行研究，并根据研究结果制定有效的规划方案。比如在经常发生雾霾的地区，为了提升建筑物的可辨识度，需要在色彩规划的时候使用鲜艳的颜色进行建筑物设计。第二，还可以利用建筑色彩规划合理解决人们因为自然环境产生的心理影响。比如因为自然环境或者阴天的影响，可以使用明亮色彩提升建筑物自身光亮程度。

（二）功能因素

城市建筑的色彩功能因素主要包括：造型作用、标识作用和情感作用等。在进行城市建筑色彩规划时，需要对建筑物的功能进行全面考虑，并根据不同建筑功能选取不同的色彩进行规划，这样能够提升人们对建筑物的需求性和建筑物功能使用性。比如在进行办公型建筑物的色彩规划时，需要采用部分鲜艳色彩进行建筑物装饰，这样能够有效提高人们在这种建筑物中的办公舒适度。对用于居住的建筑物，在进行色彩选取的时候主要选取较为稳重宽松的色彩。

（三）地域民族因素

城市建筑的地域和民族因素主要包括：地域特点、历史文化、民族特性等。目前城市面貌的趋同现象较严重，规划设计中城市本身的地域民族因素被忽视。地域性直接影响了人种、习俗和文化等方面的成型和发展，并造成了不同的色彩表现。在城市历史发展中，不同发展时期历史文化有差异，建筑水平和需求也有所不同，直接影响了建筑的色彩运用，令城市建筑色彩具备历史文化特色。另外，不同民族形成的风俗和传统，也使得建筑色彩具有鲜明的民族性。所以，在城市建筑色彩设计中，需要充分考虑建筑色彩的地域性、历史性和民族性因素。

三、城市建筑色彩规划设计的要求

（一）重视历史文化传承

针对一些具有悠久历史文化的城市，其中很多的建筑都具有非常明显的历史文化烙印。所以我们在进行城市规划设计的时候，应该使新建的城市建筑色彩和古代建筑的色彩相协调，如此就会使整个城市更加具有历史文化气息，不能为了表现城市建筑的个性化，而把色彩涂得和周围建筑不协调，这样会造成整个城市建筑看起来不伦不类。还有就是对古代建筑实施修补时，也需要遵循其本身的建筑色彩，如此才会保留原来的文化气息。

（二）遵循天人合一原则

建筑的色彩需要可以和周围的环境完美地融合，以展现出人与自然和谐共处的和谐画面。比如一些在河边的城市建筑，建筑的色彩需要选择和河面景色相协调的，以使城市建筑色彩与河周围的景色相融合。对于部分自然景色非常少的城市，城市的建筑色彩需要以中性色彩为主，然后按照这个主要色彩对其他部分实施科学合理的色彩搭配。针对新建的建筑，其色彩也需要和周围的建筑色彩相协调，不要使整个建筑的色彩显得太过突兀。

（三）充分表示城市功能

每个城市都有其自身的功能，比如，上海这种经济城市，其城市色彩的主色调就需要彰显城市繁华的经济，表现城市朝气蓬勃的活力。另外，同一个城市也会由于区域功能的不同，不同区域的色彩有所不同。例如，北京是我国的经济、政治、文化中心，其在经济区域的建筑就需要以彰显活力的城市色彩为主，而在文化传统区域的建筑就需要保留或涂抹和周围古代建筑协调的颜色，在政治区域的建筑就需要使建筑色彩变得庄严。

四、城市建筑色彩规划设计的要点

（一）现状建筑色彩调研

城市的现状离不开发展历史的积淀，建筑，承载了历史，也见证了发展。通过对建筑色彩的集中调研，就可以让人们对一个城市的发展有所了解，同时，对于城市内建筑的色彩也会进一步掌握。通过对地方自然环境资料的查阅，就可以对城市的历史文化、自然环境特征以及风俗习惯等有一个综合的了解，这样才能够对色彩的倾向加以明确。在采集现状色彩信息中，利用照相机是最真实，也是最直接的色彩记录手段。对于现状建筑表皮信息的采集主要包含了质感、机理、色彩等方面。一般来说，尽可能选择统一的采集时间，在一天中，上午十点到下午三点是自然光线变化相对偏小的阶段，可以选择在这一时段中天气晴朗的日子进行采集。

（二）城市宏观色彩设计

城市要体现鲜明的个性，需要城市主色调的支持。如个别区域的历史氛围较重就可以通过历史来赋予这一个城市应有的色彩，让历史的源泉来创造城市，不过新区的创造，则可以在现代新气象、新活力色彩体现的同时，与老区相互的协调。也就是说城市的主色调并非是一种颜色，也不一定是只搭配单一色彩，可以相互组合色彩。这样，就可以按照规律来组合一系列的色彩，就可以形成城市色彩规划结构。

（三）城市微观色彩设计

作为城市最核心的部分，建筑物本身的作用不可忽视。一直存在一种说法，只要懂得建筑色彩的把握，那么就能够掌握一座城市的色彩基调。在城市整体定位框架之下处理建筑外立面色彩，搭配是另外一个核心因素，这也是建筑环境的需求。所以，在立面色彩的控制之中要注重城市色彩规划结构相互的协调。如城区老街应该与老建筑格调保持一致，避免突兀。在建筑设计中，不能忽视高彩度色彩的具体应用程度，因为它很容易给人们带来一种视觉上的强烈刺激。一般而言，高明度或者是低纯度是城市建筑最喜欢使用的主色调。在建筑色彩规划中，要懂得同周边环境之前的相互协调性，主要是需要注重"统一调和"与"类似调和"这一类的色彩规划设计要求。

总体而言，色彩是人类物质和精神生活中不可或缺的视觉因素，色彩能反映出城市建筑的独特性，因此城市建筑规划时设计需要重视色彩的规划。

第七节 建筑地基基础设计

建筑物的造价控制与安全会受到地基基础设计的影响，而地基基础设计质量的好坏会直接决定着整体建筑的质量。为了让建筑施工与设计人员认识并了解地基基础在建筑施工与设计过程中的重要性与作用，本节主要探讨建筑地基基础设计的相关内容，以便提高建筑地基基础设计的综合水平。

建筑在施工建设中的基础就是指土壤与建筑物直接接触的部分，而地基则承载着建筑整体的重量荷载。连接建筑地基与柱、墙等上部分结构之间过渡的结构就是基础，基础可以将接收到的建筑物荷载有效传递给地基。建筑地基基础的设计换而言之就是通过基础将上部结构荷载进行二次传力，以便将建筑物荷载传递给地基，并结合变刚度调平等手段来对承载力与地基刚度进行改变，从而确保建筑地基反力与结构各部分的沉降趋于平衡。

一、建筑地基基础设计的主要原则

想要确保建筑地基基础设计的经济可行并安全可靠，还需要结合有效的设计原则：首先，建筑地基承载力容许值大于基础地面压力；其次，建筑基础与地基的变形值要控制在建筑物要求的沉降值范围内；第三，建筑地基基础的整体稳定性与刚度要满足规范建设要求；最后，建筑地基基础的耐久性与强度都要满足规范标准。

对建筑结构的同一单元来讲最好选用同种类型的建筑地基，切记不可同时出现几种不同类型的地基基础设计。地基基础设计的质量水平会极大地影响到建筑整体质量与后期使用的安全性，因此，在设计建筑地基基础的时候要注意基础类型的选择。

当地基结构严重不均或者地基比较软弱时，还要结合有效的处理措施，提高建筑基础竖向刚度以及整体性能。在处理建筑地基的时候还要对比各项技术与经济要素，选取人工基础或者桩基来改变地基条件，以便提高建筑地基基础施工的质量水平。

二、建筑地基基础选型与设计的注意问题

建筑地基基础在设计时要注意的问题有：抗震设防与其他特殊情况的设计；工程造价与施工工期；施工设备以及施工水平；地方材料与材料供应；防水要求与地下室有无设计；建筑物周围地下设施与基础情况；建筑结构单元的划分；建筑使用要求、外观要求以及安全等级；建筑上部结构荷载与类型情况。

三、建筑地基基础设计基本类型

建筑基础工程中有关地基基础的设计按照受力特点以及基础应用材料的不同，可以划分为刚性基础与非刚性基础，根据构造形式可以将基础类型划分为箱形基础、独立基础、筏形基础以及条形基础等。

（一）建筑刚性基础的设计

通常由灰土、三合土以及毛石混凝土、混凝土、毛石、砖等刚性材料构成的建筑基础称为刚性基础，刚性基础从性能角度还可以叫作无筋扩展建筑基础。考虑到建筑的传力与受力方面内容，单位面积内土壤的承载力比较小，建筑上部结构将荷载通过基础来及时传递给地基，以便扩大建筑基础的底面积，满足建筑地基建设的基本承力要求。

建筑上部柱或墙体等结构通过基础将压力按照刚性角来传递分布到地基中。由于刚性基础采用的刚性材料具有抗拉性能差以及抗压性能强的特点，所以建筑刚性角只能控制材料的抗压能力。假如建筑地基基础底面宽度远远超出了刚性角可控制范围，那么就会导致刚性角不断拓展与扩大，此时建筑基础就会受到强大的拉力而出现损坏现象。将钢筋配置在建筑混凝土基础底部位置，可以起到良好的抗拉效果，结合钢筋较强的抗拉性能可以使建筑基础底部承受一定范围的弯矩，在加大建筑基础宽度的时候就可以忽略掉刚性角的限制作用。因此，柱下钢筋混凝土独立基础以及墙下钢筋混凝土条形基础也被称为是钢筋混凝土扩展基础或者柔性基础。一般建筑扩展基础设计的基本构造要求如下。

（1）建筑基础垫层一般采用 C10 等级的混凝土，并且基础垫层厚度要超过 7 cm。

（2）建筑扩展锥形基础边缘高度要超过 20 cm，并且基础（阶梯形）还要将每阶的高度控制在 30 ~ 50 cm。

（3）建筑扩展基础的混凝土等级要超过 C20。另外建筑扩展基础底板最小受力钢筋直径要超过 1 cm，受力钢筋之间的距离要控制在 10 ~ 20 cm。

（4）当墙下钢筋混凝土条形基础宽度与柱下钢筋混凝土独立基础边长都超过 250 cm 的时候，可以将底板受力钢筋长度取值为 0.9 倍的宽度与边长，在布置的时候还要交错进行。钢筋条形基础底板在十字形或者 T 形的交接处，建筑底板横向受力钢筋只需要沿着一个受力方向来布置，横向受力钢筋的另一方向要布置在底板受力方向宽度的 1/4 位置，另外底板在拐角处的横向受力钢筋在布置时需要沿着两个方向分别进行。

（二）建筑常见结构体系地基基础的设计应用

（1）建筑地基类型为软弱地基的时候，多层建筑地基基础一般可设计为浅埋板式基础以及筏形基础；在冬季施工或者施工地下水位较高的情况下，建筑地基基础最好采用柔性钢筋混凝土的扩展基础；砖墙承重的轻型厂房以及不高于 6 层的砌体结构民用建筑，一般都采用砖或者毛石材料构成的砌体条形基础。

（2）框架结构建筑的地基基础应用：

①框架结构建筑荷载不高、地基条件好并且没有地下室时，那么一般基础类型可以设计成混凝土形式的独立基础，并且柱基之间可以根据规范标准与设计要求来考虑是否进行基础系梁的设置；

②框架结构的建筑地基条件好、设有地下室并要求有较高防水性能时，一般可以采用防水板加混凝土独立基础的方法，还要将容易压缩的材料铺设在防水板下层，注意铺设的厚度要满足基本设计要求，以便消除或者减少柱基沉降对建筑物的影响；

③框架结构建筑地基较差、有地下室并要求一定防水性能的时候，基础通常设计成无梁或者有梁的筏形基础，框架结构建筑存在地下室的独柱基础，则地下室地面与基础底面之间的距离设置要高于 1 m。当地下室对防水的要求较高的话，还需要在防水板上部设置架空层，或者采用延性较好的防水材料铺设在防水板的下部。

（3）框剪结构建筑的地基基础应用。

①框剪结构建筑承载均匀、地基较好且设有地下室时，可以采用基础系梁加单独柱基的基础形式。建筑荷载较大并且地基较差时，还需要采用钢筋混凝土条形基础（十字交叉）来增加基础底面积并加强基础整体性。当条形基础不能满足建筑地基的变形要求以及承载力时，还需要采用钢筋混凝土筏形基础。

②框剪结构建筑设有地下室但无相应防水要求的时候，可以采用十字交叉基础或独立柱基，此外还要对地下室外墙的承载力进行科学验算。建筑地基良好且地下室有一定的防水要求时，可采用防水板加条形基础或者独立柱基的方法，在应用时要注意防水板受基础

沉降量的不利影响，以便采取有效的措施来处理。当条形基础不能满足地基变形性能及承载能力，或者地基较差的时候，最好采用箱形基础或者钢筋混凝土筏形基础。

（4）剪力墙结构建筑的地基基础应用：建筑地基条件较好，有地下室无防水要求或无地下室的时候，地基基础设计最好采用交叉条形基础。地下室有一定的防水要求，可以采用筏形基础或者箱形基础。

总而言之，影响建筑施工质量与使用安全的关键环节就是地基基础施工。为了确保建筑基础施工的质量，还需要做好建筑地基基础的设计，良好的地基基础设计是确保建筑发挥效益的关键。在建筑地基基础设计过程中，要结合基本的设计原则，并处理好相应的设计要点，选择合适的基础类型来做好建筑地基基础的设计，从而提高地基基础质量与建筑工程整体质量。

第八节　办公建筑方案设计

本节主要是分析了办公建筑方案设计的主要内容和现代办公建筑方案设计的发展方向，最后提出了完善办公建筑设计的有效对策。

现代办公建筑是一种综合多种办公性能的建筑，既要传承传统办公建筑的特点，又要体现出时代发展的特色，还要满足客户的个体化需求，兼具办公空间的可变性和环境的舒适性，因此，对办公建筑设计进行探讨是非常有必要的。

一、办公建筑方案设计内容

（一）项目概况

该项目的总建筑面积为 2.34 万 m^2，主要是建设成某集团的办公大楼，低下一层，地上有 8 层，建筑高度为 41.5m，属于二类高层建筑，地下一层的占地面积为 2736.5m^2，一层占地面积为 5463.4m^2。二层建筑面积为 3457.6m^2，三层建筑面积为 1713.5m^2，标准平面图建筑面积为 1713.5m^2。建筑平面图远看仿佛一双大手向路面张开，热烈欢迎来自四面八方的来宾。办公大楼位于建筑区的北端，将城市道路作为主入口，进入办公区以后就可以看到主干道两边的景观，办公楼周围都是假山和绿色植物，停车场周边也有小块的绿地设施，交通路线非常便利，而且风景宜人，为员工创造了一个优美的工作环境，让人拥有亲切感和归属感，从而能够确保员工生活质量和工作效率的提高，展示出蓬勃向上的企业形象。

（二）办公建筑设计理念

办公大楼不仅是代表着企业的形象，还是管理人员相互沟通的重要场地，设计师秉承着"以人为本、彰显企业文化"的理念，以"节约土地、合理布局"为设计原则，结合了企业领导的要求和办公建筑本身的功能要求，从而完成了该项设计任务。办公大楼的立面设计以简洁大气为出发点，不仅可以满足办公建筑的功能要求，还可以设计出造型独特的建筑风格，采用对称的造型手法，呈现出了典雅大气的艺术效果，而且周围的景观设计与建筑风格达成一致，在配色和布局上都非常协调。

（三）功能设计和空间布局

办公楼的总建筑面积为 2.34 万 m^2，采用现浇钢筋混凝土框剪结构进行施工，预计的使用年限为 50 年，耐火等级属于二级，抗震防裂达到 8 度，低下车库属于二类车库，防水等级属于一级，屋面防水属于二级。总建筑层数为 9 层，地下 1 层，地上 8 层。每一层都有独立的盥洗室和茶水间，主要是为工作人员提供便利。

地下一层的人防面积为 $2834.7m^2$，主要有地下车库、设备用房、管理用房和风机房等等，建筑内部都设有两部电梯和两部楼梯，还有两个主要的出入口，一个专供汽车出入，另一个是人员专用出入口，这样设计的目的是为了满足消防疏散的要求。办公建筑的一层设计为展览区、演示大厅、休息等候区、贵宾接待区、办公区和安全监控室等模块，一共设置了 5 部电梯和 4 部楼梯，足以达到消防疏散要求。演示大厅单独设置了一个主入口和柱廊，这样就可以成功过渡门廊灰空间，达到保证建筑造型和美观的要求。另外，一旦演示大厅开放，就会有很多来宾，人口密度较大，设置主入口也可以快速疏散人群，以防发生混乱情况，具有一定的安全性。建筑物的主入口方向在南边，在大厅的两侧按照对称形式布置了绿化盆景，与二层的绿化形成主题特色，具有协调性和设计特色。二层主要是设置了办公室、会议室空调房和其他辅助用房。三层设有办公室、风机房、计算机室和辅助用房等。

整个平面将两个正方面倾斜 45 度叠加在中间的正方形上，从而形成辅助的内部空间。根据客户的要求把建筑物的交通核心放在建筑中部，功能用房分置两侧，利用相对集中的布置方式，让办公空间的布置更为灵活，然后集中布置交通设施和辅助设施，为人员使用提供便利，今后在维修和管理时也会更加便捷。交通路线非常清晰和简单，建筑的示意也通过空间和光线的变化体现出来，有别于普通的商业办公大楼，一改以往的硬朗沉闷的建筑风格，给人带来耳目一新的感受。

二、现代办公楼建筑设计的发展方向

（一）形式的多样化

随着工业时代的迅猛发展，人们对办公建筑的功能要求也在不断提高。由于客户有着不同的需求，所以办公空间呈现出多元化和多样化的特点。建筑设计师在设计施工图纸时，既要满足办公建筑的基本功能要求，又要兼顾客户的个体需求，因此对办公空间进行动态把握将成为办公建筑设计的要点。

（二）结构的人性化

因为现代办公建筑的使用结构和组织结构都在发生变化，所以评价现代办公建筑的标准也在变化，生产效率也是一个衡量办公建筑是否合理的因素。办公建筑在以人为本的理念下，主要是以能否激发员工灵感、发挥出他们的创造价值为立足点，因此，企业也要努力为员工营造一个良好的办公环境、心理环境和人文环境，这也是提高办公建筑质量需要考量的因素。通过对建筑内部空间的声、光、热和湿等方面的协调，竭力提供一个舒适健康的办公空间，让员工能够发挥出他们的内在潜能。

三、完善办公建筑设计的有效对策

（一）坚持可持续发展原则

首先可以根据建筑所在地区的特点，采用因地制宜的策略进行方案设计。比如说建筑方向定位坐北朝南，南方地区还会设置天井和漏空窗，也可以依山而建，采用吊脚楼和外悬挑结构去设计。其次是利用可再生能源，如太阳能、风能和地热能，实行被动式能源策略，比如说特朗伯墙可以将墙体变为集热器，通过气孔和可动绝热层来调节室内温度，达到冬暖夏凉的效果。最后是充分利用现有资源或废旧材料。比如说上海世博会场馆就可以重复利用，按照使用方的要求改造成旅馆或者公寓，直接拆除会造成很多资源的浪费，也会导致一些经济损失，这是完全可以避免的。还有拆除下来的建筑垃圾，也可以重新投入使用。另外，还可以充分发挥出建筑绿化的作用，因为它具有净化空气、调节水分和降温降噪的重要功效，利用墙面绿化、观景阳台和屋顶花园等形式还可以提升建筑物的美观度，兼具美观和功能的双重作用。

（二）强化设计的整体效果

①主体设计。在现代建筑设计中，绿化和节能是新时代对建筑物提出的要求，这就需要设计师对建筑的主体部分加强设计，不仅要注重建筑形式，还要满足人性化要求。

②巧用处理手法。在高层建筑设计中，塔楼设计的空间变化有限，所以会在底部进行巧妙处理，一般设计师会采用入口缩进和底层架空的手法，这样就可以丰富空间形式，满足人们对建筑物的美观要求。

（三）改进建筑的安全设计

①防火设计。高层建筑物的防火问题非常重要，因为办公楼的人员相对比较集中，所以设计师一定要慎重对待。首先要合理规划防火区，合理分布楼道消防设施和紧急通道，确保办公人员的安全问题。其次是简单布置办公建筑，设计出通常的安全通道，紧急照明设备要随时确保能够安全使用，这样在发生火灾时就可以快速疏通人员。

②消防电梯防烟问题。为了确保发生火灾时人员能够快速进入无烟区，而且能够通过

消防电梯进行疏散，就要按照规范在消防电梯设置前室，紧挨着外墙设置，这样就可以利用通向室外的窗户达到排烟的目的，而且还可以防护消防电梯。

我国近年来经济取得了高速发展，而工业以此作为支撑也迎来了前所未有的发展契机，因此工程建设标准的要求也在不断升高。而现代办公建筑在功能和形象方面都有明确的方向，对建筑创作业提出了更高的标准。因此，建筑师要不断学习新知识，发挥自身的想象力和创造力，设计出节能减排和功能完善的现代办公建筑。

第九节　建筑外观的造型设计

新时代经济的不断发展，人民生活水平的提高，人们对于生活质量的要求也越来越高。建筑业作为人民生活最常接触的行业，在建筑的外观设计方面也将要进行更大的改变，在美观的同时，对于建筑外观的合理性和创造性也成为建筑设计师们最关心的内容。接下来本节将结合各方面条件分析，对于现在新形势下建筑外观的造型设计问题进行探索。

建筑外观的造型设计不光要保证自身的美观性，更要保证与周围环境的协调性。在细节的把握方面也要注意细节的配合，改变其整体的呈现效果。不同的环境当中，只有将建筑的设计与周围的环境相融合才能达到事半功倍的效果。建筑的设计考验是设计师本身的艺术涵养，和考虑人体工程学以及对于当今大众审美的了解程度等多方面问题。

一、建筑的外观造型设计问题分析

（一）建筑外观设计的演进问题分析

建筑外观似乎是最直观明了的，但是在建筑发展的历史过程中，外观的概念、设计手法和其审美意象，在不断地、缓慢地演进与发展，直到信息化社会的来临，建筑设计的外观得以进行翻天覆地的变化，超越原本意义上美观的概念，经过设计师的奇思妙想，为建筑外观的造型赋予了更多的意义和艺术内涵。外观对于建筑的存在可以认为是承重支撑结构上的覆盖物，虽与外观结构有紧密的联系，但不能超过建筑物本身存在。换言之，建筑外观在某一层面上相较与建筑是独立存在的，但大体上来讲外观与建筑是作为整体存在的。最早的建筑设计大多为注重色彩多样性，在具体功能设计上有一些欠缺。随着人们需求的增加，在外观设计方面融入了更多的功能设计。随后随着人们审美和建筑品质结合层次的逐渐深入人们对建筑外观的需求从建筑的视觉享受开始向文化层而过渡。因此具有不同文化风格的建筑外观开始出现，这些建筑外观带有强烈的文化韵味比如新古典主义建筑外观设计，将古典文化厚实和浓郁的特点体现在建筑设计上，而欧美原创主义文化风格则是将一些欧美文化特点渗透到建筑元素中，而现在建筑外观的设计中则开始体现科技的元素，尤其是通过一些科技元素将节能和环保等特点融入建筑设计中。

（二）建筑平面构思问题分析

①单体式。其特点是结构受力性能好计算简单和施工方便。

②双体式常用于高层或超高层建筑。双体式的采用要避免建筑功能与经济上的不合算，因此一栋规模较大的建筑一个塔楼不够时就出现双双对对的塔楼，其造型形式完全一致。

③联体式是异于双体式的独立塔楼。联体式建筑则是用一个核心筒把两个或几个对称的塔体连接起来形成一个联合体这种平面构成可以使建筑形象更加丰富。

④变平面式是整个建筑高度上呈现大小不同、形状各异的几何平面。它打破了方盒子建筑千篇一律的单调感使高层建筑立面丰富多变。

（三）建筑造型与尺度问题分析

通常情况下，建筑所用的尺度层次越丰富其造型效果就越生动。这种尺度包括亲切尺度和非亲切的尺度。例如建筑物可以开正常大小的窗也可开带形窗或做成幕墙等，而带形窗又可做成长的、短的、横的、竖的。以上窗的几种形式，表现出的不同尺度用在同一建筑上就构成了多层次的尺度。在多尺度设计的同时，我们也要考虑其他因素避免造成烦琐、杂乱无章的感觉。另外许多人主张在生活中人们经常接触的部位宜采用亲切的尺度使人感觉到愉悦、亲切和舒适。

（四）建筑造型与细部设计问题分析

建筑在今天看来应当是普通商品，但它却因地域和时代的不同而使之最强烈地表现为具备"时间地域"的人类社会物质精神的产物。建筑外观造型有两大迥异的类别：一是现代建筑外观造型；二是传统建筑外观造型。建筑外观在创造性上的特色是指设计者在设计整个建筑外观布局中，摒弃传统思想观念，在符合人体工程学的基础上融入设计师的奇思妙想在建造结构、外观形态、色彩、以及功能设计上的体现。具有个人特色的创造设计，在保持原创性的基础上，融入符合空间合理的原则，尤其是不能将设计构架在腾空的幻想上，毕竟建筑是实际存在的。在以上条件都满足的情况下，还要注意建筑的设计应与周围环境相互衬托，达到建筑与环境的融合。一个有个性、有特色的设计，不仅让使用的人们感到愉悦而且能使人们对所处空间环境产生自豪感。有个性有特色的环境设计，它的空间构成结构有赖于整体布局包括对建筑、空间、道路、地形与小品的细部塑造。同时更要注意与所处地位整体环境风格的协调反之就失去了个性，失去了设计。建筑要注重细部不能粗制滥造。建筑细部涉及节点、小型构件、构造做法、工艺等各方面如饰面的贴砌与划分方式，窗的分格等都是细部设计，框架若没有精致的细部点缀则无血无肉，面目可憎。把细部设计同尺度联系起来看，细部是体现亲切尺度的着手点。

（五）建筑造型中的材质运用问题分析

在建筑造型中，材质的运用不同给人的感受效果也不一样。建筑材料从物质的组成结构上可分为，金属材料和非金属材料；按照生成状态分为，天然材料和人工合成材料。近年来环保意识的增强，节能材料的应用也较为广泛。材料本身就具有独特性，所以不同材料应用在不同的地点，其表现力也不一样。熟悉了解不同材质，进行合理的组合也是现代建筑造型设计中经常应用的。建筑材料是建筑师的一种基本语言，若运用的恰当则会产生像诗一样的效果。有时，建筑师所用的材质很少，有时只有一两种，却能以少胜多，形成独特的意蕴。

二、建筑造型发展的建议

（1）建筑的造型设计以最简单的，点线面之间的配合，设计师用流畅的线条突出建筑的整体外形，流畅的线条合理的设计能够让人感觉到发自内心的舒畅，行云流水的线条还能够让人感到其建筑本身独特的韵律。建筑的设计，不光讲求设计的大胆和独特。主要的是设计是本身的设计尺度与周围环境的配合，以及合理得体的设计方案。这样就要求设计师自身需要具有一定的尺度和标准。

（2）流畅简洁的平面设计，在现在社会生活中除了线条的配合，还需要平面的设计。在办公室、建筑外墙等应用的较为广泛，相较于复杂多变建筑造型，平整流畅的平面更适用于现如今的工作生活当中。如果说复杂多样的立体形状建筑具有观赏性，那么平整流畅简洁的平面设计则更多的具有实用性。平整的平面设计可以给人带来舒心、平静的效果。

（3）形状的构成是建筑设计中必不可缺的，对于建筑中的门窗，屋檐与建筑整体的配合。能够给人带来不一样的，直观立体的视觉感受。柱型的应用在为建筑带来坚固安全的同时，对于柱型的设计也需要更多的设计和想象。棱柱体的应用区别于圆柱体在整体结构的流畅性原则。以其丰富立体的特点应用于高层设计当中。

建筑的外观造型设计，是对于建筑本身的第一印象，对于城市发展的整体效果具有非常重要的作用，现代建筑不光为人们遮挡风雨、躲避寒冷，现代造型设计师在其本来用途上增加美的感受，让建筑更富有意义。

第十节 建筑结构设计中剪力墙设计

国家经济的不断发展，为人们带来富裕的生活，随着人们对生活质量提出更高的要求，越来越多的人向转向城市发展，带动着城市化建设的进程不断加快，建筑的增多，建筑企业的竞争力不断加大，各种建设技术不断发展完善。在此背景下，剪力墙设计这一保证建筑质量的建筑工程结构不断被应用于各大建筑中，并得到了巨大的成效，基于此，本节以剪力墙结构设计在建筑结构设计中的实际应用进行探讨，为相关工作者提供参考。

国民经济的不断发展，带动着建筑行业的不断进步。为了满足人们对建筑日益增高的需求，优化建筑结构，提高建筑质量，剪力墙结构设计应运而生。剪力墙结构具有高效抗震性、抗侧刚度大、用钢量小等特点，在建筑结构中被广泛应用，目前，剪力墙结构已经成为我国建筑结构设计中的主要形式之一。

一、剪力墙结构的概述

（一）剪力墙结构

剪力墙结构涉及是目前建筑结构之中被广泛应用的一种设计。建筑结构主要是指房屋建筑之中，由一定数量构件（如：梁、板等）连接构成的能够承受一定荷载的空间体系。建筑结构因为标准的不同而产生多种分类。如按照承重结构类型分：在建筑结构中，承重类型的不同铸就了砖混结构、框架结构、剪力墙结构、框架 - 剪力墙结构等。本节所要介绍的剪力墙结构是建筑实际建筑时使用钢筋混凝土的墙板构建建筑结构，并以此为基础实现对建筑物的各种压力进行荷载。根据某工程在实际建筑中应用剪力墙结构设计的结果显示，剪力墙结构设计在提高建筑性能增加建筑使用寿命的同时，最大程度上节约了建筑工程的成本，为建筑企业带来一定的经济效益。

（二）剪力墙结构的特点

剪力墙是建筑结构之中非常重要的一种结构设计，是为整体建筑提供质量保障的重要设计。剪力墙具备着抗震刚度大、抗震性能高等特点，并且剪力墙的自身重量较大，为建筑物内部的墙面平衡起到很大作用。而剪力墙的缺点是对施工技术要求较高以及耗费成本较高等，在建筑物建造过程中程序较为复杂。

若是想要在建筑中充分发挥剪力墙结构的作用，建筑企业在真正施工中需要注意以下几点：

①在使用剪力墙设计时，应避免在建筑过程中完全使用该结构进行荷载。

②在对剪力墙结构抗震环节设计时，建筑人员需保证墙体所受地震倾覆力矩大于结构承受的地震倾覆力矩的 0.5 左右，并以此为基准提高建筑工程的抗震能力。

二、剪力墙结构的分类

在剪力墙结构的设计中，因剪力墙的墙体是否开洞以及洞口尺寸的大小而分为以下几类：整体墙、小开口整体墙、连肢墙、壁式框架等。

（一）整体墙

整体墙是四种墙体中唯一一款剪力墙墙体可不开洞的情况。在剪力墙设计中，墙体不开洞或者洞口面积小于整个墙面侧面积的 15%，洞口长边尺寸小于洞口到墙边净距离的设计被称为整体墙设计。墙体设计的主要特点在于弯矩图上无法看到反弯点和突变点，其在变形期间以弯曲型为主。

（二）小开口整体墙

若剪力墙上的门窗洞口沿竖向成列布置，且洞口总面积大于墙体总面积15%但洞口仍然很小时，此时的墙体结构被称为小开口整体墙。墙体在荷载作用下，墙体连梁处的墙肢弯矩图有突变，然而，在整个墙肢的高度上，却未出现反弯点或仅有个别楼层出现反弯点，此时整个剪力墙的变弯曲线仍以弯曲型为主。

（三）连肢墙

相比于剪力墙的其他墙体，连肢墙在墙面上具有较多且较大大洞口，由于洞口多且大的原因，剪力墙截面的整体性已被破坏，此时，剪力墙若在进行变形则将会带来质量上的问题，对此，需要由一系列连梁约束墙肢来保证连肢墙的整体质量。

（四）壁式框架

相对其他种类的剪力墙来讲，此种剪力墙的洞口尺寸一般较大，当洞口上连梁的线刚度已接近甚至大于洞口侧边墙体的线刚度，剪力墙受力性能已接近框架，此时剪力墙的弯矩图上出现了较为明显的反弯点与突变。

三、剪力墙结构设计在建筑结构设计中的实践应用

（一）剪力墙应用的实际案例

为推进我国建筑的工业化发展，经建设单位申请，某省在建筑某项目时经上级批准，将此项目作为实行剪力墙设计的试点工程。如今该项目已经竣工。该项目占地面积达16532.2m^2，建筑面积为56410m^2，容积率为3.40，住宅建筑面积为52073m^2，商业建筑面积为2283m^2，在建筑中预制三栋超高层住宅装备剪力墙结构，建筑层数达38层，房屋总高度108m，建筑抗震标准为标准设防，抗震烈度7级。在整体建筑中，剪力墙虽耗费较多，设计时对施工人员技术要求较高，然整体而言，剪力墙设计在很大程度上降低了工程的造价，提高了建筑的质量，由此可见，剪力墙设计的优势所在。

（二）剪力墙优化设计方案

剪力墙因其自重缘故，在一定意义上提高了建筑整体结构的平衡，提高可建筑抗震作用。因此，在剪力墙设计过程中，设计师应充分发挥剪力墙的重要作用，节约施工成本。在剪力墙结构设计中，设计师应保证在与实际施工状况相结合的情况下，利用先进的科学技术进行合理的设计布局，有效发挥剪力墙的结构特点。除此外，设计人员可采用与剪力墙相匹配的施工原料进行施工，节约工程造价，减低施工整体成本。在剪力墙结构的实际施工中，若是剪力墙的长度较长，则施工人员可对其进行截段处理，注意：在进行截段处理之时，施工人员需要保障各截段之间的长度一致，并设置相应洞口。

（三）剪力墙结构的合理定位

在剪力墙结构应用过程中，施工单位应加强对剪力墙的定位工作，以此保证剪力墙结构的合理设置。在剪力墙定位期间，施工人员需要以均匀、对称的原则进行合理操作，以此实现墙面结构刚度中心与质量中心的重合，保证扭矩状况发生时能及时避开。另外，在内外剪力墙进行定位的过程中，需要施工人员尽可能对剪力墙进行拉通与对直工作，以此推动后续工程的建设。

（四）剪力墙结构的平面布局设置

在剪力墙合理定位之后，施工人员即可进行剪力墙的平面布置。与剪力墙合理布局相同的是，剪力墙结构的平面布局设置亦需要遵循均匀、对称的原则，并对剪力墙进行拉通、对直，以此减低不均衡的作用力，提高墙体的平衡度。此外，在剪力墙的抗震设计中，为保证抗震的最大效果，施工人员应尽可能地避免单向墙的设计。

（五）剪力墙结构墙体的配筋控制

在进行剪力墙的结构设计中，施工人员应以整个建筑的结构设计的安全与质量为整个建筑的重点环节，以此提高建筑的整体效益。在剪力墙设计之时，其设计的质量不仅关系着墙体的建筑质量，更与墙体内部的钢筋设置关系紧密，可以说，墙体内部的配筋率，与剪力墙的质量密切相关。通常情况下，墙体配置的竖向钢筋多设置在剪力墙内部，以此提高剪力墙的质量，进而提高建筑整体结构的质量。

由于剪力墙的抗震、降低成本、提高工程寿命等特点，剪力墙已被广泛应用于我国各大建筑结构设计中，提高了我国建筑的整体质量，推动了国家经济效益与社会效益的共同提升。本节主要介绍了剪力墙的概念、特点、分类以及其在建筑结构中得出实际应用，希望为相关工作者提供有力参考。

第四章 建筑设计的理论与应用实践研究

第一节 被动式超低能耗建筑设计理论及实践研究

随着人们生活水平的提高和社会生产能力的不断提升，人们对于资源的需求不断增大，自然环境与人类的生产活动之间的矛盾越来越大，由于各种环境问题的突出，人们开始加强了对于资源合理利用的重要性的认识，节能减排已经成为全世界的共识，在这种情况下，被动式的超低能耗建筑随之产生，由于这种建筑本身就有很强的优势，可以有效地降低能耗，所以在未来的发展过程当中，将会拥有十分重要的地位，笔者根据被动式超低能耗建筑的相关特点，分析了这种建筑的实际性以及应用意义。

由于很多自然资源不可再生，所以近年来人们对于自然资源的利用，开始越来越重视，根据可持续发展的需求如何降低能耗已经成为全世界普遍关注的一个问题，在20世纪中期以前，建筑行业的相关能耗一直居高不下，随着空调、冰箱等电器的使用，导致建筑行业的能耗不断增大，自20世纪90年代以来，以德国为首，部分欧美国家通过改革建筑工艺，使得建筑能耗有效降低，这使被动式超低能耗建筑，作为一种新生的建筑事务，受到了各国相关建筑人员的重视。

一、被动式超低能耗建筑的基本概念

被动式超低能耗建筑是根据建筑本身的能耗来说的，这种定义是指建造节能的建筑物，因此也被称为被动式建筑及建筑等，最重要的特点就是可以降低能耗，将室内调节到合理的温度，从而降低空调等高能耗电器的使用频率，区别于传统建筑的是被动式建筑，不需要进行主动加热，它可以收集太阳，人体和家电所产生的热量，通过热回收装置，使得室温能够保持到一个比较舒适的温度，而非依靠主动热源的供给，有效地降低了热源能耗。

二、被动式超低能耗建筑的出现以及发展状况

被动式超低能耗建筑，这一理论最初是由瑞典隆德大学的亚当森教授和德国被动式房屋建筑研究所的菲斯特博士提出来的，在20世纪80年代后期，在德国的黑森州和相关部门的支持下，学者们对这一理论进行了深入研究，并且取得了较好的成果，所以关于被动式房屋的最初设计和相关概念基本被确定。德国对被动式建筑的相关研究一直处于领先地

位，德国的达姆施塔特第一批被动房屋建成时，通过对这批房屋的观察和研究，学者们掌握了第一手的宝贵资料，直到 20 世纪 90 年代后期，这个地区的房屋建筑才扩大了生产规模，通过利用已有的知识经验，建成了更多的更加规范的被动式的房屋，同时把这种成熟的技术向全世界推广，使得德国其他地区和世界各国的被动式房屋建设取得了很大的进展，早年德国的科学家和建筑师，对零能耗被动式建筑也进行过研究，这种房屋的存在也是极有可能的，但是造价很高，对技术的要求十分苛刻，所以没有进行进一步的实践性研究，到了 2010 年，德国境内被动式房屋的建筑超过了 13000 座，达到全世界被动式房屋总数的 30%，涵盖住房、办公楼、商城等多个方面。

三、被动式超低能耗建筑应用于生活中的意义

（一）降低能耗

从根本上来说，使用被动式建筑的意义就是降低能耗来达到节约能源，所以有利于推进社会的可持续发展，综合目前的研究与传统建筑相比，德国的被动式建筑能够有效降低 50% 到 70% 的能耗，英国法国等地也接近于 50%，我国的被动式建筑总体来说数量较少，多数是用于实验的建筑，能耗的降低水平也能达到 50%，有些地区的建筑甚至能够达到 80% 以上的水平，这意味着如果被动式建筑技术的发展成熟，将会得到广泛的应用，有大量的能源被节省下来，能够有效地进行可持续发展社会的建设。

（二）在全世界范围内推行可持续发展

当前自然环境和社会环境的矛盾不断突出，可持续发展是为了全人类的共同发展而设立的目标，基于自然资源和能源的不可再生性，需要对能源进行合理利用，降低能耗是实现能源和资源合理利用的重要方式，在被动式房屋建设的过程当中，相关技术的应用能够有效降低能耗和损耗。广泛的推行被动式房屋建筑技术，有利于在全世界范围内进行可持续发展社会的建设，维护人类共同的发展空间。

四、被动式超低能耗建筑的设计理论思想

（一）以舒适性为主

建筑的最终目的是为人类服务，所以它的设计理念和设计方案必须满足人类的需求，如果不能够以生活为前提，那么可以说这个建筑是失败的，所以在建筑的过程当中必须重视建筑的舒适性，目前被动式建筑普遍具备传统建筑的优势，建筑本身的活动条件和舒适性甚至优于传统的普通建筑，这也是对被动式建筑的基本要求，综合分析我国的实际发展状况，我国长江以南地区没有供暖设备，这种建设的最初目的是因为我国长江以南地区的气候条件比较温和，可以不设置集中的供暖来保证地区的能源消耗降低，但是在冬季一些

恶劣的天气条件，使得传统房屋的建筑保暖能力不能够满足人们的保暖需求，在这种情况下，如果能够推行被动式建筑，那么将有利于整个地区采暖水平的提升，被动式建筑维持着适宜人类生活的室内温度，可以通过收集太阳能、家电热能等手段，适合我国长江以南地区的人民生活。

（二）最大程度的降低能耗

被动式房屋设计的初衷就是降低能耗，所以综合分析现有的技术发展，一般的被动式房屋的能耗降低，只能相当于传统房屋的 50%，而英国和德国这些发达国家的新型被动式房屋建筑的能耗降低，可达到 80%～90%，虽然这些高端的新兴技术没有进行全面推广，但是可以预见的是，在未来进一步发展的过程中节能降耗是被动式房屋的发展趋势，这也是房屋建筑设计的核心理念。

（三）因地制宜地做出调整

被动式超低能耗建筑是低能耗建筑的总称，但并不适用于世界各个地方，在寒冷地区和温暖地区维持温度基本不变，但是实际的操作过程当中，很多技术都要针对当前的气候和温度环境来进行调整，根据当地的气候条件，房屋建筑结构的材料用量有时候会进行调整，同时，不同地区的墙体厚度也有所不同，在炎热的地区，更关心的是房屋制冷的方法，而在寒冷的地区，则关注到了墙体的厚度和保温层的厚度，所以被动式房屋的设计都需要根据当地的气候条件来进行不同的调整。

五、被动式超低能耗建筑的实践

（一）我国部分地区被动式建筑的时间发展状况

由于我国城镇化速度不断加快，中西部地区的建筑得到了快速发展，随着被动式建筑技术的不断发展，在我国的陕西、宁夏和四川等地，已经设计和建造了一部分结构安全成本较低的被动式建筑，这使得西部地区较为恶劣的自然环境能够更加保障人民群众的生产生活，同时又能够节约建筑能源，在实践当中这种建筑的能耗指标明显低于普通建筑，十分有利于被动式建筑的推广与实践。

（二）欧洲等其他地域被动式建筑结构的实践发展情况

欧洲被动房屋的建设有着众多的实践经验，但是这些应用只适合中欧地区，特别是保温，遮阳和窗户这些节点的设计，在不同的地区是不能够进行直接复制的，每个地区都有自己的建筑传统和建筑特点，所以要根据当地的实际气候发展状况进行建筑，在斯德哥摩尔 180km 的卡尔斯伯格，瑞典相关部门地区建造了一批被动式房屋，他用 PHPP 软件进行综合性控制，这些居民在被动式房屋当中，生活得十分舒适。

总之，被动式超低能耗建筑是建筑行业发展的重要产物，具有舒适性和低能耗的突出特点，对于实现社会的可持续发展具有很大意义，所以需要从生活建筑着手，加强低能耗建筑的工作研究，为社会的可持续发展提供更多的新的思路。

第二节　现代医疗建筑室内设计的理论和实践探究

随着现代医院的发展，对医疗建筑室内设计质量要求越来越高，而该项工作复杂程度较高，要求设计出与现代医疗流程相符的安全、高效的医院室内环境。在实际设计中，不但要注重建筑室内环境的功能化、技术性与艺术性、人性化等理念，还要注重设计中的要点，在具体应用中，设计出符合现代医疗事业发展需求的建筑室内风格。

一、现代医疗建筑室内设计的理论

（一）功能化理念

对于医疗建筑而言，属于公共建筑，为患者提供医疗的场所。根据疾病类型可分为综合医院与专科医院，所以在进行室内环境设计时，应考虑到建筑的使用功能。医院功能包含医疗、护理、行政管理及后勤几个部分，且随机医疗技术的发展，医院功能越来越复杂，要求医院整体在使用功能方面应与当前整体医学模式及现代生物医学环境下的功能需求相适应，保证各功能空间均能有序、高效的运行。在设计中，不管是室内采光布局、庭院绿化，还是窗帘的色彩、花饰等，都应体现出设计时的思想，满足医疗建筑的使用功能。

（二）技术性与艺术性兼具

除了通过音乐、色彩等设计元素来改善医疗环境外，室内设计的美感能够营造出舒适的空间氛围，对患者的康复有促进作用：

①住院患者通常因疾病会产生压抑、消沉、悲伤等负面情绪，所以，室内设计风格应体现出安慰、振奋及舒缓精神等效果，装饰以简洁明快为主；

②在设计中对自然环境因素充分应用，包含水、空气、阳光等，如通过窗户引入阳光，ICU 中可引入绿色植物，使住院环境与大自然尽可能的融合；

③创建舒适、自然、和谐、温馨的病房环境。患者在进入医院后，由于环境比较陌生，心理上容易出现恐慌、焦虑等情绪，不利于疾病的恢复。

所以，医院室内设计中，应从患者角度考虑，以单人小病房为主，为患者提供私密空间，有利于患者心理压力的舒缓；同时提供电话、电视、卫生间等附属设施，让患者感觉到和在家一样方便。

（三）人性化理念

人性化的医疗空间创设是现代医院建筑室内设计的核心，包含科学技术与艺术的结合、患者心理需求的满足、地域文化的体现及可持续发展的要求等多个方面。现代医疗建筑人性化设计中，强调以患者为中心的理念，在设计中以方便患者为基础，包含指示标识导向设计、人体工学运用、无障碍设计等，方便患者的同时，减少设计不足带给患者情绪上的急躁和波动。在设计时还应充分考虑患者的行为心理，由于人的心理受环境因素的影响比较大，医疗建筑室内环境同样如此，室内背景音乐、色彩选择对患者精神状态、心理感受均有影响，进一步可影响到患者治疗效果、康复速度等，所以在室内装饰、灯光、色彩及音响等方面，要以和谐、温馨的氛围营造为设计目标，尽可能地减少紧张氛围。

二、现代医疗建筑室内设计要点及应用

（一）空间设计

医疗建筑室内空间设计中，设计的要点是应和患者的心理需求相适应。患者在进入医院这一陌生环境中时，依次从大厅到候诊室，再到诊室，最后进入病房，不同的室内环境下患者心理需求也不同。由于我国人口比较多，所以在室内空间设计上，高空间、大尺度、气派是空间设计追求的目标，也能体现出医院的权威性与技术性，从而使患者对医院产生信任感。在大厅设计上，以大空间设计手法为主，用材以耐用、简洁、高档为原则；候诊室、高级病房、休息厅及专家诊室等小空间设计中，以亲和、小尺度的设计手法为主；色彩选择以体现温馨感为目标，所以以色彩应以柔和为主。例如，在入口大厅设计时，顶棚采用钢化玻璃，阳光可透过玻璃进入室内，使大厅宽敞明亮，不但减少了照明能耗，让人的心情也变得明亮起来，为了改善大厅室内空气，可在顶部加设通风管道或透气百叶，与室外连接，可达到节能环保的目的。

（二）标识设计

在室内标识设计时，主要从色彩、位置两个方面入手，以突出标识的醒目。在进行色彩设计时，强烈的对比色，能够让进入陌生环境的患者及家属，从众多标识牌中尽快识别出所需要的标识服务，而对于医院管理者及医护人员而言，因其对医院环境相对熟悉，因此可采用弱对比色标识牌，避免主导标识牌受到干扰；在标识位置设计中，涉及标识牌的数量及具体位置，实际设计时要与建筑自身特点、人流量来确定，对医院内患者密集区域及需求信息点处进行计算，然后根据计算结果设置标识牌的大小、数量及位置。同时，可对标识牌的形状进行设计，形成医院内独特的风景线。例如，在医院内主要通道及路口，可设置多个标识牌，标识牌颜色设计时，选择和墙面颜色同色系颜色，不但要能从墙面中突显出来，还应与墙面更加融洽。

（三）典型空间及标准部位设计

对医疗建筑内诸多相同部位进行设计时，如卫生间、护士站等，要采用标准化的设计原则。不管医疗建筑规模有多大，此类室内空间设计必须统一。此外，在设计时，如果能够将急诊、门诊、检查、检验、住院等科室融为一体，患者在最小的室内空间范围内，即

可完成就诊、检查及住院等手续，对患者而言无疑是非常方便快捷的。例如将特检科室、影像检查中心，全部设置在一层，可实现急诊、门诊及住院部资源的共享，缩短了检查流程。院内其他空间及设备的设计，如卫生间设备、照明设别、采暖通风设备等，严格按照相关标准执行，不但要做好便于维护，还应做好抗感染的效果。

（四）服务体系设计

医院服务体系是医院运行的重要保证，服务体系包含商店、餐厅、康复中心及花店等空间，不但是医院的公共设施、公共空间更加丰富，还使医疗建筑的人情味得到提升，在设计中也应以满足患者需求，符合生活气息为原则。如在住院部或门诊部底层入口，可设置小卖部、鲜花礼品店等，同时在医院公共空间中，可引入银行营业部、儿童娱乐设施、餐厅、网络查询、休息厅、商店等公共服务设施，通过不同的修饰风格，使以往医院严肃、冷峻的形象得到改善，提供给患者舒适、活跃的医疗氛围，可有效缓解患者负性情绪，能够以平和的心态面对治疗。

对于医疗建筑室内设计而言，最主要的设计原则是满足医疗建筑的使用功能，在这一功能得以满足的基础上，最大限度的实现艺术性、人性化设计。只有在室内环境设计中，将这三方面因素综合考虑，使之和谐统一，才能在实际设计中，对不同功能分区的设计要点准确把握，应用室内设计中不同的设计手法，设计出宜人、舒适的医疗建筑室内分为，满足患者就医需求，为患者的顺利康复提供保障。

第三节　建筑施工技术设计及应用实践探究

现阶段建筑工程项目施工相关工作进行的过程中，为了可以使得建筑工程行业中的各个相关企业可以在竞争越发激烈的市场当中占据一席之地，应当使得可持续发展理念得到贯彻落实，逐步使得能源消耗问题得到有效的控制，因此建筑工程绿色施工技术设计以及应用就显得十分重要。

一、首先针对绿色施工技术措施的概念展开分析

绿色施工技术措施指代的是在建筑工程施工阶段中，在对科学合理的管理措施以及科学技术措施加以一定程度的应用的基础上，将资源应用效率放置在核心地位之上，将环境保护当成是优先原则，以此为基础将建筑施工对环境造成的负面影响控制在一定范围之内，与此同时将高效、环保以及能源消耗降低当成是重要目标，从而也就可以对建筑工程施工相关工作质量水平做出一定程度的保证，建筑工程绿色施工技术措施施行的过程中会涉及物质生产、可再生资源的循环应用以及生态环境保护等领域中的内容，绿色施工技术措施是将现代建筑工程技术发展理论作为基础的延展，与此同时也是世界范围之内各个国家中的人民构建和谐生态居住环境的过程中需要使用到的一项较为重要的措施。

二、建筑工程绿色施工技术设计落实的过程中应当注意到的问题

（一）施工管理问题

在建筑工程项目中应当绿色施工技术的时候和各个部门之间都有一定的相互关系，在绿色施工技术措施实际应用的时候，只有各个部门将自身的职责切实的履行，才可以使得绿色施工技术措施得到真正意义上的贯彻落实。

①建筑工程建设单位应当对绿色施工技术措施实际落实情况形成全面且明确的了解，以便于可以在此基础之上编制出来有效性比较强的工程预算以及招标文书。与此同时建筑工程建设单位在绿色施工技术应用之前应当向施工单位提供详尽的资料。

②施工设计单位应当对现阶段我国施行的绿色施工规范形成一定的了解，从而也就可以使得绿色施工设计的有效性水平得到一定程度的提升。最终施工单位应当将绿色施工技术措施的落实工作妥善的完成，因为在建筑工程项目涉及的各个单位中，施工单位才是具体施行者，针对绿色施工技术的落实担负主要责任。所以施工单位应当编制出来有效性比较强的管理机制，针对参与到工程项目中的员工定期开展培训工作，从而也就可以在绿色施工技术措施落实的过程中起到一定程度的促进性作用。

（二）环境保护领域中的内容

之所以要使得绿色施工技术措施得到贯彻落实，其实就是为了能够使得建筑工程项目对生态环境造成的负面影响得到有效的控制，之所以要在建筑工程项目领域中施行环境保护措施，主要是为了能够使得下文中提及的这几个目标得以完成：

①对噪声污染形成有效的控制，我国政府针对施工现场中产生的噪声污染问题做出了明确的规定，施工单位应当定期针对现场中产生的噪声展开检测工作，以此为基础来对噪声污染水平形成有效的控制。

②对水体污染问题形成有效的控制，我国政府有关部门针对施工现场污水排放做出了较为明确的规定，施工单位实际工作的过程中应当定期的针对污水水质展开检验工作，施工相关工作进行的过程中使用到的化学材料应当被放置在专业的库房当中，在施工流程中产生的废弃物质也应当经过妥善的处理，工业领域中产生的废水应当得到过滤，以此为基础再想要对水体污染问题形成有效的控制也就会显得较为容易。

③施工垃圾处理工作，建筑工程施工的单位应当在施工现场中针对垃圾施行分类处理措施，施工现场中产生的木材和纸张等垃圾可以得到循环利用，与此同时施工现场中产生的具有一定毒害作用的垃圾应当得到专业的处理。

三、环保施工技术措施在建筑工程中的应用实践

在建筑工程项目建设阶段中，为了可以使得资源利用率得到一定程度的提升，以免在

实际工作的过程中形成资源浪费问题，环保技术措施在建筑工程领域中的应用力度应当得到一定程度的提升，当针对固体废物施行处理措施的过程中，应当使得土方得到科学合理的处置，在土方挖掘工作妥善的完成之后，应当将其全部向外运输，以免在运输的过程中对道路以及生态环境造成负面影响。所以土方回填措施的有效性就显得比较强，在使得上文中提及的这个流程中的工序得到完善的基础上，应当施行土方回填措施。

在建筑工程项目施工阶段中，的确是会产生一定数量的建筑垃圾，比方说塑料、木料以及管线等等，针对这些建筑工程项目施工阶段中产生的建筑垃圾，应当在将其集中堆放起来的基础上施行分类处理措施，在建筑工程道路项目施工流程中，应当将其当成是路基加固材料来使用。建筑工程施工阶段中产生的建筑垃圾，一般情况之下可以划分为可回收与不可回收两种类型，因为混凝土块体的强度水平比较高，可以将其当成是混凝土基层垫层来使用，其余的材料应当运输到填埋场所中施行回填处理。

总而言之，在建筑工程项目施工阶段中，假如说可以应用到绿色施工技术措施的话，可以使得生态环境保护工作的力度以及资源应用效率得到一定程度的提升，在上文中提及的背景之下想要对施工相关工作的整体性质量，以及相关工作人员的专业素质水平做出一定程度的保证，就会显得较为容易，从而也就可以使得我国人民针对生活环境提出的要求得到满足，最终使得我国社会经济发展进程向前推进的过程中提出的客观要求得到满足。

第四节　公共建筑电气智能化技术设计及应用实践研究

近些年来，随我国经济发展进程的加快，信息技术的不断进步，公共建筑电气智能化标准有了一定的更新，公共建筑电气智能在使用过程中为了有效解决用电负荷不断增长的问题，就需要对大型公共建筑电气智能化进行有效的设计，以此满足供电安全性与可靠性。本节主要对公共建筑电气智能化技术设计及应用实践进行分析，以期为相关人士提供借鉴和参考依据。

随着我国科学技术的不断发展，电气设备在设计过程中逐渐向电气智能化发展，智能化程度对公共建筑的使用安全性与质量有着决定性作用。同时由于我国信息化起步比较晚，技术水平与发达国家还存在一些差距，这样公共建筑电气设备智能化技术还应该有效提高，这就需要对此进行合理的设计，以此提高建筑电气结构使用中的合理性，从而大大提高电气智能化设计能力。

一、建筑电气智能化概述

我国建筑电气专业的设置时间相对比较晚，具有较大的发展潜力，从本质角度来看，建筑电气专业也是可算作是土建学科。其中，建筑电气工程中具体方法主要有电能、电气设备的发展与利用，对建筑环境进行有效的完善是学习该专业的主要目标，以此为居民创造更好的使用空间。随着我国科学技术的不断发展，信息化技术在建筑工程施工过程中有较大的应用效果，建筑电气设计理念越来越人性化，其中智能化是建筑电气发展过程中最终目标，也就是通过使建筑电气智能化发展，以此有效降低建筑整体能源的消耗，从而提高建筑使用效率。

二、公共建筑电气智能化设计优势

（一）智能化技术灵活性

智能化技术最大的优势在具有较高的灵活性，主要是通过现代化信息技术，对公共建筑电气进行有效设计，这是智能化技术运用过程中核心内容。我国在对传统建筑电气进行设计过程中，主要是采用人工方式对电气结构进行有效设计，其中设计质量包含了较多个人主观因素，在一定程度上会出现偏差，此种偏差体现在实际操作过程中。采用智能化设计方法，不但能够降低设计偏差，而且可对设计中的问题进行有效解决。

（二）具有一致性

公共建筑电气智能化技术有较高的一致性，该技术可有效保障管控系统对一些相关数据实施有效的评估与计算，并且在此基础上还可有效保证驱动器在运行过程中原数据不受任何影响。此外，控制对象在一些情况下会出现不一致情况，在此期间产生的现象也会在较大程度上出现不相同的情况，因此在对电气设备装置进行有效的设计时，需要对此进行认真检查，并保持各个环节处于正常状态，如果控制器在对数据进行处理的过程中出现对数据处理效果偏低，应当对此进行有效及时修复，在最短时间内保证控制器正常运行。

三、公共建筑电气智能化技术设计和应用实践

（一）电气功能的平衡

随着我国经济的发展，科学技术的不断提高，我国较多现代化建筑在设计过程中，不需要较为复杂的功能，只需要满足居民日常所需，较为重要的是建筑电气的有效的设计，在设计过程需要保证电器综合设计质量的有效提高，这在较大程度上能够对建筑电气功能进行合理的平衡。此外，在选择电气的过程中，需要选择功能齐全，通用标准电气，避免选择质量较低，并且功能相对不齐全的电气，这在较大程度上不能有效保证电气功能的平衡状态。

（二）建筑电气系统的优化

建筑电气在设计过程中最为重要的是对建筑电气系统框架进行有效构建，这是电气系统设计核心内容，其中电气系统的扩展最为主要的目的不单单是对功能进行优化，而是通

过设计对控制系统规模进行有效的控制，以此通过建筑工程量对建筑电气功能结构实施合理、科学的选择，最大程度上使建筑电气在使用过程中与实际情况相符，这也是设计的基本要求，并且在此基础上对系统结构进行实时性的优化。

（三）降低建筑电气设计难度

对建筑电气设计难度进行有效的降低，主要表现在以下几个方面：

①建筑电气在设计过程中应当考虑到电气建造难度，这就需要设计过程结合实际建筑施工情况，以此提高设计质量，能够在较大程度上避免由于设计不合理对建筑工程造成的不利影响，以此能够有效保证工程顺利实施。

②在对建筑电气设计的过程中，还应考虑电气使用过程中的难度系数，主要是因需要对建筑电气实际应用状态与一些特殊情况实施有效的考虑，并且通过有效的信号使使用者得到最为准确的信息，这在较大程度上使建筑电气得到准确应用。

（四）实现建筑电气智能化设计的标准化

在对公共建筑电气进行设计的过程中，施工企业与设计企业在设计过程中应当将设计建立在一定的国家相关设计规则基础之上，但是由于我国此规则没有较为完善的节能效果，并且在一定程度上还具有不安全因素，这样在进行公共建筑电气在设计时，应考虑到节能与安全两个方面的不利因素，主要是因大型建筑电气公司具有较高的信息化技术，对设备控制相对较为复杂，并且具有较大的投资力度。所以，这就需要对建筑电气的实际操作性能、设备整体适应性等相关制度进行有效制定，以此体现出智能化设计要求，并在此基础上坚持"以人为本"的发展原则。

（五）建筑电气智能化还应该具备实际操作性

公共建筑电气智能化在设计过程中，应当充分考虑实际操纵性，一些相关的规定在公共监护电气中占有较大的比例，但是在落实的过程中缺乏必要的相关措施，即使有一些相关措施也没有进行科学、合理的规划。此外，建筑到智能化在实际实施的过程中，在较大程度上会出现一定的偏差，这在较大程度上会降低建筑电气智能化实际操作能力，同时大型公共建筑电气智能化电气在研究的过程中，对研究的内容把握不精准。

综上所述，将智能化技术应用到公共建筑电气设计当中，对建筑行业的未来信息化发展奠定了良好的基础。由于我国信息化技术的不断发展，传统电气市场地位大大提高，逐步向智能化发展，将智能化技术与建筑电气设计有效结合起来，能最大程度上保证电气设备的稳定运行，提高建筑电气智能化设计质量，推动整个建筑行业的智能化发展。

第五节　建筑动画在建筑设计中的应用实践研究

建筑动画是利用三维技术制造各种与楼盘相关的美景，以此来表现设计师的意图，并且能够让观赏者更加全面的了解建筑空间的动画影片。在制作建筑动画时，可以充分利用镜头的调节、色彩的运用等设计手段，营造出更具视觉美感的建筑景观。文章首先介绍了几种建筑动画的表现技巧，随后概述了建筑动画在建筑设计中的应用优势，最后简单分析了建筑动画的设计实践。

早期的建筑动画因为受 3D 技术、创新意识等方面因素的限制，只能制作出相对简单的建筑模型，建筑设计缺乏足够的吸引力。近年来，建筑市场的蓬勃发展，也推动了建筑动画技术的创新，加上相关计算机设计和制作软件的出现，为建筑动画在建筑设计中的充分应用提供了必要的保障。对于建筑动画的设计师来说，必须要在充分熟悉建筑结构和掌握丰富设计经验的基础上，提高建筑动画的观赏性和直观性，完美演绎出楼盘整体的未来形象。

一、建筑动画的表现技巧

建筑动画能够借助于计算机虚拟数码技术，将生活中实际的建筑物、园林以及建筑周边环境在计算机中展示出来，从而能够使人们更加全面、直观的了解建筑结构和小区环境。与传统的楼盘表现手法相比，建筑动画所需要的宣传成本更低，而且能够迎合业主的心理需求，提高业主的购房欲望。因此，设计师必须要熟练运用多种建筑动画表现手法，提高建筑设计质量。其中，现阶段建筑动画设计中广为应用的表现手法有以下几类：

第一是由远及近。通过调整相机的角度和焦距，使得建筑动画从整体展示逐渐聚集在建筑的某个重点部位，从而凸显出该区域的特色和优势。这种建筑动画表现技巧的优点在于保证了建筑的整体性。在相机远景拍摄时，能够展示出建筑的整体景观，随着镜头的拉近，建筑动画内容的范围逐渐缩小，并最终定格在某一位置。这种动态的建筑动画展示形式，能够实现建筑景观的平滑过渡，不至于给人一种突兀感。

第二是由模糊到清晰。通过模糊和清晰之间烘托对比，能够展示出设计师所要重点展示的设计理念或建筑结构。建筑景观的模糊与清晰也有两种表现形式：其一是近景模糊，远景清晰。在进行该种建筑动画设计时，通过采用主镜头切换的方式，对背景建筑或周边环境进行重点表达，这种动画表达方式的特点在于突出视觉感染力，是建筑动画更富有层次性；其二是近景清晰，远景模糊。多采用鸟瞰方式进行取景，并且通过镜头的拉近或拉远，来突出建筑结构的立体感和色彩感。

二、建筑动画在建筑设计中的应用优势

（一）直观

以往的建筑效果图，为了能够更好地吸引业主，往往会进行刻意的修饰和过度的美化，不利于展示建筑的原貌，业主后期观看到实体建筑后，心理落差极大。而采用建筑动画的形式，在计算机上制作出逼真的楼盘模型，一方面有利于开放式进行全面的方案评估，找出楼盘设计中存在的优势与不足，从而及时制定修改方案，提高建筑质量；另一方面也能够使业主身临其境的感受建成后的建筑景观，从而激发业主的购房欲望。

（二）快捷

建筑动画的制作流程虽然较为烦琐，并且对于细节的把握要求非常之高，但是与传统的设计和宣传方案相比，三维动画设计所花费的建筑时间相对较短。三维动画设计仅仅作为一种项目的设计和展示工具，主要工作内容是对既有建筑资料（图片、数据）的整合，而诸如申报、审批、宣传等工作，则不属于建筑动画设计的范畴。因此，建筑动画的流程更加简便，有利于节省建筑时间。

（三）先进

沙盘模型是建筑展示和房地产销售中常用的手法。沙盘虽然可以看作是按照一定比例缩小后的建筑实物，但是沙盘仅能从俯瞰角度来展示建筑空间，具有较大的局限性。除此之外，一旦沙盘模型制作完成，后期修改的成本相对较高。建筑动画无论是在建筑模型构建、建筑细节展示还是后期修改成本上，与沙盘模型相比都具有一定的先进性。例如，由于建筑动画是利用计算机专业软件进行设计，因此可以随时根据设计需要，对具体的设计细节进行更改和变动；建筑动画采用 3D 模型技术，能够带给客户全方位、立体化的现场感受，从而显著增加了客户的购房欲望等。

三、建筑动画在建筑设计中的实践

当今的建筑设计需要大量的设计软件进行辅助，软件的开发也越来越便于操作和应用，服务于建筑师完成理想中方案成果的效果。平面的图纸制作有常用的 CAD，Photoshop 等，模型的构建由 Sketch up，3D-max 等，同样的，便于建筑师独立操作的动画视频软件也有很多，Sketch up 动画漫游，3Dmax 动画制作，Lumion 等。其中，新兴的 Lumion 软件以其便于操作及强大的表现力成了建筑师们能够独立操作的动画制作软件。

软件在几个特定的场景模式下，通过导入基础模型，设定光线、场景等参数，调节建筑的材质，表现近似于建成后的真实效果。在动画演示中，建筑的材质最能带给观者真实感，Lumion 中的树木配镜库尤为出色，种类丰富，对于独立树的质感和动感姿态在动画

中表现真实，配以落叶光线穿梭等效果欲显逼真。在整理完基础模型及配镜的基础上，通过路径的设置展示建筑空间最精彩的部分。在路径设置的处理上，镜头的走动也是值得酿心之处。后期处理常常需要配置音乐和解说，音乐的配置会使得平凡无奇的场景也变得生动起来。

建筑动画的设计与制作，就像是拍电影一样，不仅需要设计师谋篇布局，结合建筑实际以及相关因素，充分利用好建筑设计的各方面细节，而且还需要采用多种设计手法和表现形式，塑造建筑动画的美感，带给人们一种视觉享受。随着建筑动画设计技术的成熟，以及多种计算机专业软件的发展，建筑动画设计的质量也有了大幅度的提升，设计师应当不断总结以往经验，加强对新技术、新软件的学习，从而将建筑动画做得更加完美。

第六节　虚拟现实技术在建筑设计方面的应用实践研究

工程师在进行建筑设计时，需要全方位的考虑业主需求，不仅要保证建筑的质量安全，而且要丰富建筑功能，满足人们的多种需要。虚拟现实技术（VR）是近年来兴起的一种高科技含量的技术，通过创建三维虚拟环境，调动用户的视觉、听觉、触觉，使用户能够产生身临其境的体验。文章首先概述了虚拟现实技术的发展历程，随后分析了虚拟现实技术在建筑设计方面的应用，最后就其实现方法进行了具体说明。

虚拟现实技术融合了计算机图像处理、传感器技术以及数字建模等多个学科的相关知识，能够将平面图像转变为三维（或多维）立体图像，给人以更加直观的感受。早期的虚拟现实技术主要应用于军事航天等领域，后来随着技术的成熟，逐渐向室内设计、建筑设计、房产开发等领域扩展，并取得了良好的应用效果。目前，虚拟现实技术已经作为一项实用技术，在城镇化建设过程中得到了广泛的应用，为建筑设计和城市规划等工作的开展起到了重要推动作用。

一、虚拟现实技术的发展历程

虚拟现实技术（Virtual Reality）最早应用于军事和航空等领域，早在 20 世纪 80 年代，美国宇航局借助于超级计算机模拟构建了一种集听觉、视觉和触觉于一体的模拟环境，从而为宇航员和军事人员提供了一种全新的模拟环境，实现了交互式的情境仿真。

受技术条件的限制，早期的虚拟现实技术只能依靠 3D 眼镜、传感手套以及大量的空间模拟辅助设备来构建三维现实系统。传感辅助设备一端与人体相连，另一端则与计算机相连，计算机将内部空间模型传输到传感辅助设备之后，人们可以利用 3D 眼镜感知计算机的三维立体模型，进而根据模型的要求做出相应的动作。当人们做出动作后，传感手套会将动作信息反馈给计算机，计算机捕捉到反馈信息后，进行相应的模型调整，从而实现基本的人机交互体验。

进入 21 世纪后，计算机技术、3D 仿真技术得到了全面发展，虚拟现实技术也从单一的航空、军事向多个领域发展。建筑设计一直以来沿用二维平面设计模式，其中的很多设计细节不便于在图纸中表现出来，给后期建筑施工造成了一定的影响。而借助于虚拟现实技术，则能够很好的解决二维空间的限制，确保了建筑设计的灵活性和准确性。

二、虚拟现实技术在建筑设计方面的应用

（一）建筑信息模型的构建

（1）建筑构件模型的参数化。建筑信息模型并不是对点、线、面的简单排列，而是需要设计门、窗、墙、梁等大量的信息化部件，通过这些部件的组合与搭建，构建起立体化的建筑模型。例如平面图是该模型的水平投影，各种立面只要对该模型进行对应方向上的投影即可，剖面图由相应位置的剖切进行投影得到，门窗列表通过该模型中门窗的自动归类统计完成，各种材料的预算也可以通过模型计算的面积、体积以及构件选型来完成。

（2）建筑模型使得项目修改高度智能自动化，数据库创建具有实时性、一致性等特点。建筑信息模型是将设计模型（几何形状模型）和行为模型（变更管理）集成为一个有效的数据库，所有的内容都是参数化和相互关联的，这保证了对于修改中带来的数据变更进行十分有效的传递。对于任何视图的任何修改都会直接到数据模型库，从而实时的在其他视图关联的部分反映出来，尺寸标注也是双向关联的，大大地提高了设计质量和效率，减少了图纸出错的可能性。

（二）虚拟现实技术的组成

（1）建筑信息的展示。借助于虚拟现实技术，能够为建筑设计者提供多个角度的设计视角，从而确保建筑设计能够满足用户的多方面需求。依托于虚拟现实技术的建筑设计，能够向人们展示出建筑结构、空间布局、室外环境等多方面的信息，以便于人们更加全面的了解和体验建筑设计。由于建筑设计师和建筑企业所站角度不同，因此双方在具体的设计理念和建筑设计细节方面不可避免地会存在分歧，通过虚拟现实技术，将建筑信息以3D 模型的方式展现出来，为双方提供的交流和探讨的平台，有利于提升建筑设计质量。

（2）远距离的浏览。虚拟现实技术设计出来的建筑模型，能够以文件资料或网页展览的方式呈现出来，设计者和建筑施工单位可以远距离进行细节方面的探讨，从而帮助设计者更加全面的了解设计需求，从而不断地进行建筑设计的完善和优化。远距离浏览功能的实现，打破了时间和空间对传统建筑设计的限制，从而极大地增加了建筑设计的灵活性，为设计师创造出更加新颖、更具创意的建筑设计提供了必要条件。

（3）多方案的比较。利用虚拟现实技术不但能够对不同方案进行比较，而且可以对某个特定的局部作修改，并实时地与修改前的方案进行分析比较。因为在虚拟的建筑三维

空间中，不但可以实时地切换不同的方案，而且还能在同一个观察点或同一个观察序列中感受不同的建筑外观，这样，有助于比较不同的建筑方案的特点与不足，以便进一步进行决策。

三、虚拟现实技术在建筑设计中的实践方法

（1）虚拟现实硬件系统。简单的虚拟现实系统并不需要太多复杂的设备来实现，只要能够满足具有输入、输出功能的设备即可，简单的计算机桌面互动系统就可以构成一个简单的桌面虚拟现实系统。但是我们也应当看到，要充分实现虚拟现实技术带来的沉浸感、交互性、想象性三个特征，就需要专业的信息输入设备和信息输出设备。信息输入设备包括键盘、鼠标、数据手套、力反馈方向盘、手柄等，信息输出设备包括高性能显示器适配器、单通道或多通道投影仪、偏振片、立体眼镜等。

（2）虚拟现实软件系统。要想让设计者和用户或者其他人员真正体验到虚拟现实技术所带来的身临其境的临场感和沉浸感，首要的是建立一个与客观世界相符合或者与设计者头脑预想的设计方案相符合的虚拟三维模型，这个三维虚拟场景模型不但能够准确的表现出建筑、环境、室内等客观存在，而且需要较真实的反映出场景的色彩、材质、阴影、光照等方面．建立可视化三维模型从技术实现上可分为三步：第一步为几何建模，主要建立所需三维场景的几何构形；第二步为形象建模（也称物理建模），主要对几何建模的结果进行材质、颜色、光照等处理；第三步是行为建模，主要处理物体的运动和行为描述。

虚拟现实技术是依托于计算机、多媒体、传感器等信息化学科发展而来的一门综合性技术，随着这些技术研究的不断深入和成熟应用，虚拟现实技术的应用领域也会更加广阔。虚拟现实技术为建筑设计提供了全新的思路，不仅能够简化建筑设计流程、提高建筑设计精度，而且兼顾用户的临场体验，在建筑设计方面有着巨大的发展潜力。

第七节　LED在建筑电气设计中的应用实践研究

针对现阶段建筑电气设计的节能减排要求，对办公场所、住宅建筑、户外照明、特殊场所中，LED 的实际应用进行分析，明确 LED 的优势、特点与意义，以此实现提高建筑电气设计节能减排水平的目标。

用于照明的电能消耗约占我国总用电量 13%，而且还有进一步增大的趋势，这不仅使建筑照明节能面临极大的挑战，也为各类节能技术、灯具的使用创造了条件。其中，LED灯以其小体积、低能耗、高光效、长寿命、低成本等优势得到了越来越多人的关注，LED灯的应用方向也逐步表现出多元化的特点。为实现建筑节能减排目标，充分发挥 LED 灯各项优势，有必要对 LED 在建筑电气设计当中的应用进行深入分析。

一、办公场所中 LED 的应用

对 LED（LightEmittingDiode，发光二极管）而言，其最大的优势就是具有极高的发光效能。一般情况下，卤钨灯与白炽灯的光效在 12~24lm/W 范围内，荧光灯较高为 50~70lm/W 左右，钠灯虽然最高，可达 140lm/W，但会以热量的形式损耗大量电能。通过多年的研究与发展，LED 的发光效率得到了显著的提升。改进后的 LED 光效可达 50~120lm/W，而且还有很大的上升潜力，相关研究表明，将来 LED 光效会突破 200lm/W。

从建筑电气设计角度讲，LED 等所具有的高光效特点对提高能源利用率，实现节能减排目标有重要现实意义。现行的设计标准对建筑照明功率密度提出了更高的要求。如，在以办公为主要功能的建筑中，其电气设计应满足以下要求：普通办公室的照度标准一般为 300lx，在这一条件下，LPD（LightingPowerDensity，照明功率密度）现行值为 9、目标值为 8，较原标准更小。这无疑对建筑的照明设计提出了严格要求，使用高光效、低能耗灯具已是势在必行。此外，现行绿色建筑的综合评价标准还指出，公共建筑的绿色综合评价标准的优选项及控制项，对 LPD 的具体要求，均对应之前提到的标准的 LPD 现行值与目标值。荧光灯与节能灯虽然可以满足 LPD 要求，但难以满足优选项的要求。

利用 DIAlux 软件进行计算，假设在完全一致的室内空间，对荧光灯与 LED 灯实施对比。基本信息：房间长 × 宽 × 高 =（10.8×7.5×0.65）m，总面积为 81m^2，照度要求取 300lx，维护系数为 0.8。经对比，该房间需安装 15 套传统荧光灯才能满足照度要求，对应的 LPD 为 10W/m^2，仅可以满足旧标准。而 LED 灯，只需安装 8 套即可满足要求，并且 LPD 仅有 5.4W/m^2，满足新标准的要求。设计过程中，若项目需要申报绿色建筑评级，则必须安装 LED 灯。在节能减排进程不断深入的局势下，通过对 LED 灯的使用，不仅有助于建筑通过绿色建筑评审，而且还能为建筑构造创造良好的条件。

因此，LED 灯在光效、节能方面有显著优势，加之相关技术不断发展，该优势必定日益扩大。此外，由 LED 灯取代传统的照明灯具是拥有很强可操作性的，尤其是在建筑改造过程中，可直接进行替换，无需进行大规模拆装，经济性良好。

二、住宅建筑中 LED 的应用

LED 所具有的高光效优势也可在住宅建筑中得以充分发挥。在住宅建筑当中，公共照明一般占物业管理费用很大比重。鉴于此，在进行电气设计时，应在满足基本照度要求的基础上，降低所用灯具能耗，而使用高光效灯具成为首要举措。住宅建筑的公共照明大多以自熄灯具为主，常见的有声控式、光控式与感应式等，此外为了适应频繁开关的要求，光源多采用白炽灯，但考虑到白炽灯光效过低，所以近年来改用了荧光灯。与此同时，LED 灯不仅光效得到明显提升，而且采购安装成本也大幅降低，加之其使用寿命极长，有着比白炽灯或荧光灯更优异的频繁开关特性。此外，部分 LED 灯还配有标准灯头，可直接替换传统光源，安装十分方便。由于 LED 灯具有极长的使用寿命，所以极大的降低了建筑物业管理成本。目前，荧光灯的出现和使用，取代了传统的白炽灯，人们也将其称为节能灯；而采用 LED 灯则是荧光灯时代发展的大势所趋，将成为节能灯中的节能灯。

为分析获取典型照明光源各类数据，在相同环境下对白炽灯（40W）、荧光灯（7W，紧凑型）及 LED 灯（7W）进行了实验对比。结果表明，白炽灯照度约 47.5lx，荧光灯照度和白炽灯基本相同，为 49lx 左右，而 LED 等却有 244lx 的照度。因此，在照度要求相同的条件下，LED 等无论是能耗还是照度，都明显优于白炽灯与荧光灯。

三、户外照明中 LED 的应用

为避免造成光污染和能源浪费，应将光线尽量集中在需要照明的部位。基于此，除了部分全空间照明与装饰照明，其他灯具均需具有指向性。对此，相比其他类型的光源，LED 具有得天独厚的优势。金卤灯、荧光灯和高压钠灯等都属于点状光源或者是线状光源，而且都属于全空间发光光源；而 LED 灯的体积较小，和点光源十分接近，其发光的方向有一定指向性，发光角度为 120°，还可以通过对透镜的安装来满足配光目标，以提高光的实际利用率。LED 灯效率可达 90% 以上，而传统光源效率不足 70%，甚至低于 50%。另外，利用 LED 灯具有的发光指向性还能避免眩光对行车造成的影响，保证通行安全。

LED 在建筑绿化景观设计领域也有所应用。在很多建筑项目中，都使用了 LED 灯营造景观。此类灯具不仅体积小、使用寿命长，而且实际功耗很低，可以从本质上降低成本。此外，LED 灯为直流驱动，可为太阳能的开发利用提供条件。这是因为太阳能发电也是直流电，无需直流逆变，节省用于配置逆变器的成本。鉴于 LED 灯具有的上述优势，使其在建筑设计领域得到极大的青睐。

四、特殊场所中 LED 的应用

建筑的特殊场所众多，以低温场所为例进行说明。对于 LED 灯而言，它能在 -40℃ 的环境下实现瞬时启动，并且其发光效率随温升减小，所以在低温环境下仍有良好的光效。正因 LED 灯具有这种特点，所以其在冷库中得到广泛应用。实践表明，冷库中通过对 LED 灯的应用，不仅起到了改善照明效果、降低能耗的作用，而且还降低了用电成本及灯具更换费用。鉴于此，LED 灯在特殊环境下主要有两方面优势：其一，特殊环境灯具更换难度较大，原设计使用白炽灯，几乎每个月都要更换一次，直接影响正常使用。但 LED 灯使用寿命可达普通白炽灯数十倍，降低照明系统维护成本，避免了经常更换灯具的麻烦。根据绿色建筑设计理念，在建筑产品的全寿命周期内，LED 灯具有显著的节能效果，这就使得 LED 灯极其适用于冷库等特殊环境。至于为何不选用寿命与光效和 LED 相当的荧光灯，其原因就在于 LED 灯的另外一个优势，即环保无毒。以冷库这一特殊环境为例，其通常储存食品或加工原材料。在社会关注食品安全的今天，视频贮藏必须遵从相应的法律法规。荧光灯中含有荧光粉与汞，每只灯中汞的含量为 5mg 左右，如果荧光灯在货物搬运时不慎打碎，汞具有挥发性会与荧光粉同时掉落在食品上，直接危及食品安全。而LED 灯不含任何有毒有害物质，即便打碎也只有碎片，不会污染食品和危及食品安全。

市场中，LED 灯具份额越来越大，传统光源及灯具黯然失色。在大功率白炽灯正式停产停销后，小功率白炽灯也逐渐退出市场。因 LED 灯头种类十分齐全，能和传统的光源进行直接替换，并且价格也有所降低，甚至比节能灯还要低，所以节能灯的市场还会被LED 灯进一步挤占。根据以往工作经验发现，不论公装、家装，LED 灯的使用越来越普遍。灯头小、形状多、能耗低、光照足，是业主与设计人员青睐与此的主要原因。

第八节　园林景观设计中建筑小品的应用实践研究

随着现代经济的快速发展，人们的生活水平逐渐提高，单纯物质上的满足已不能满足人类的需求，愈来愈多的人开始寻求心灵、精神上的慰藉，力求周围优美的生态环境带来心理上、身体上的舒心，也开始更多的关注园林景观设计，建筑小品更是在园林景观设计中起到锦上添花之功效，能够起到提升整个园林设计的整体的艺术效果，拉升设计水平，满足人类对美好事物的追求，因此建筑小品在园林设计中的地位日渐巩固，其应用也是日渐普遍。

一、建筑小品的概念

建筑小品是具有体量小巧，造型多变，做工精巧细致，活泼生动，选址恰当，富有情趣的古典建筑物。其内容较为丰富，在园林景观中能起到陶冶性情，点缀环境，渲染气氛，烘托氛围的作用。在园林景观的设计中，建筑小品既能与周围的园林植被等景观等融为一体，又能在美的景物中起到画龙点睛的功效，同时又能够为人们提供一个舒心安逸的休憩环境，提供一个促进人们交流的平台，拉近人与人之间距离。

二、园林景观建筑小品的分类与特点

建筑小品内容丰富，形式多样，建筑小品的分类亦可多样化，但总体来说，可分为三大类：

（一）满足需求类

建筑小品包括亭台楼阁、瀑布长廊、圆桌长椅、照明设备、桥栏、亭栏等防护设备，而这些建筑小品主要是满足人们对日常生活的需求。其不仅能为人们提供休闲、休憩的场所；同时变化多彩的小品建筑，像是各种建筑风格的亭台楼阁，能给人们创造出各种不同的意境，让人们感受到不同年代、不同地域的文化风情。各种照明设备及桥栏、亭栏、栅栏等各项防护措施，能使游客们在欣赏美景、陶冶性情的同时，提供安全保障，充分满足人们日常需求。

（二）服务展示类

园林景观建筑中，一般会装饰各种风格迥异的指示牌、解释说明牌等，像是对亭台建筑的历史做一个比较详细的说明介绍，让欣赏它们的旅人能够对其建筑有一定的了解，同时对相应时代的历史、文化加深理解。同时为了是人们能在有限时间内对园林有充分的认知，各种园林格局图以及各种路标指示牌都是必不可少的。

（三）装饰类

一般的园林景观都是通过设置各种装饰性的建筑小品来体现园林景观的艺术性，像是通过景墙、花钵、水缸等装饰性的设置来加以点缀，进而烘托出城市文化风情。

三、遵循原则

（一）因地制宜

因为我国是一个历史悠久，地域广阔、地势多变，文化底蕴浓厚的国建，是一个多民族的国家。不同的民族有不同的文化风情，不同的地域形成了不同的地域特色。这就要求，我们在进行建筑小品的设计时必须遵循因地制宜的原则。因此设计建设小品时必须依据当地的人文风情，地域特色，只有这样才能使每个地域、每个民族拥有属于自己的地域文化、民族文化。

（二）以人为本

园林景观中的建筑小品最终的服务对象是人，所以在园林景观设计过程中要充分考虑人们的实际需求，遵循以人为本的原则。不同的人有不同的需要，例如对儿童来说，建筑小品就要以色彩鲜艳吸引孩子眼球为主、尽可能的设置一些激发孩子想象力的符合卡通形象的建筑小品。老年人则以修身养性、陶冶性情的园林设计为主。

（三）环境协调

建筑小品时园林景观的重要组成部分，但并不是唯一存在的组分，这就要求建筑小品的设计就要满足园林景观的整体性，不能以个体为中心，而是要充分的与周围环境想协调，这样才能体现出园林景观的整体美、和谐美，使其不是突兀的、不是格格不入的。

四、应用和实践的探讨

（一）廊、亭

园林设计中，尤其是中国的古典园林中，亭、廊是较为常见。在现代园林景观中，廊、亭亦是重要组分，但更为多见的是亭。园林景观设计时一般是以亭为中心、以廊为连接线。

亭台楼阁的建筑可以为困顿的人们提供一个休憩的场所，同时也提供了人们面对面贴心交流的一个平台，所以亭台楼阁的建筑是不可缺少的。

（二）椅、凳

与建筑小品的其他应用相比，园椅、圆凳在园林景观中更是发挥着较为重要的作用。它是建筑小品的重要组分，在园林景观中的应用相对较多。相对于其他建筑小品，园椅、凳体量更小，成本材料消耗较少，设置起来也更加容易。与以往成品座椅为主的情况相比，近年来人们更多的是对园椅、圆凳设计感的追求，而园椅、圆凳也愈来愈个性化，与周围的园林景观也愈加和谐统一。

（三）假山

从古至今，无论古代的园林景观，还是现代园林设计，假山这一建筑小品，因受到人们的喜爱而一直被沿用下来，但随着科技的进步，假山材料由以前单一的岩石制品，逐渐扩展到假山皮及水泥、石灰等涂料，使其在园林景观中显得更加逼真。同时假山能在一定程度上起到空间分割的作用，是空间格局显得更加有条理性。

（四）花架

在园林景观中，花架主要起着人为分割空间、遮挡阳光、避风雨等作用。在占地面积比较大的园林区域，布设花架能够起到丰富内容的作用。花架上布满的紫藤，能够让建筑与绿化相辅相成。花架形式有很多，按照具体的位置可设计成长方形、圆形或弧形等不同形状。如果设计成长方形，给人一种端庄、大方的感觉；如果设计成圆形，给人一种小巧、秀丽的感觉；如果设计成弧形，则会让人产生一种变化之美。按照材质的不同，花架可以分成木制花架、铁制花架以及钢筋混凝土花架等不同类型，当然也有不少就地取材的竹制花架。

建筑小品是园林景观建设的重要组分，充分利用建筑小品点缀、装饰的特点，不仅能提升园林景观的整体艺术性，同时满足人们对精神文化的追求。与此同时建设小品设计中必须遵循相应的设计原则，充分发挥建筑小品的地位与价值，协同构建现代城市生态建设。

第九节　预应力桥梁设计实践及其技术的分析

随着科学技术的不断进步，我国桥梁建设事业也有着长足的发展，在现代桥梁设计中，预应力桥梁技术的运用已经越来越广泛，因此本节从预应力桥梁设计实践及其技术的角度展开分析与研究，同时为其他关注这一课题的桥梁设计师提供相关参考。

预应力桥梁技术的关键就在于使用了更加合理的预应力混凝土材料，这种材料不仅适用性强而且成本相对较低，所以在现代的公路铁路桥梁建设中得到了广泛的运用。

一、预应力桥梁的优势

伴随着我国现代化建设的发展，对于桥梁的建造需求也在不断地增长，而预应力桥梁在实际的应用中，被广泛地应用到许多铁路以及公路的建设当中去，并且在不断地研究与发展中，正逐步地替代了过去传统的钢筋混凝土结构的桥梁，成为现代公路铁路建设中不可或缺的组成部分。而之所以预应力桥梁能够成为现代公路铁路工程的重要角色，是因为预应力桥梁有着如下的几个优点：

（一）材质优秀

在过去传统的道路桥梁中，所使用的混凝土在抗压力性能上会远远的超出其本身的抗拉力强度，这样的材料情况会使得桥梁的受压力以及受拉力情况出现不平衡的现象，但是在预应力桥梁中所使用的混凝土材料却可以有效地克服这一不平衡的因素，同时也有效地提高了混凝土的抗撕裂能力，有效地增强了预应力桥梁的耐久性能以及刚度，同时预应力桥梁所使用的混凝土质量更轻，可以有效地降低桥梁自身的重量，同时也提高了桥的建设跨度。

（二）节约成本

在预应力桥梁的施工时，可以省去许多不必要的钢筋和水泥，桥梁的跨度越大能够节省下来的材料就会越多，所以预应力桥梁可以比其他类型的桥梁节省出更多的成本，降低了桥梁的造价。

（三）耐久性强

在预应力桥梁的设计中，远比其他桥梁的高度要低许多，一方面在进行预应力桥梁维修是较低的高度可以有效地降低噪音污染，另一方面减少了对桥梁的振动幅度，极大地提高了桥梁的耐久性能。

二、预应力对旧桥梁的加固效果

在当前的桥梁建设中，对于预应力的应用已经越来越重视，预应力在桥梁中最为重要的作用就是对桥梁起到了加固的效果，这也是许多的桥梁工程设计师将预应力加入到桥梁设计中去的主要原因，而在这一点上，不仅仅是对新建成的预应力桥梁可以起到作用，对于许多过去传统的桥梁也会起到很好的加固作用。在过去传统的桥梁施工时经常会因为技术能力的有限或者施工材料的不符合要求，使得桥梁出现各种问题，给桥梁的安全以及使用造成严重的影响，如果采用一般的重修计划，则会浪费掉大量的资源。但是如果使用预应力桥梁对原有桥梁进行加固处理则可以大大地减少使用一些不必要的资源，同时也达到了加固桥梁的效果。

三、预应力桥梁在实践中的应用

（一）在公路中的使用

1. 应用特点

在我国的桥梁建造事业中，许多的设计都处于世界领先的地位，例如跨海大桥、超重量级别的大桥等对于世界桥梁建筑行业都具有借鉴的意义，而在预应力桥梁的公路桥梁应用方面，我国的施工技术也有许多独特之处。首先，在桥梁的结构上来说，预应力主要应用在桥梁的悬臂结构、悬索桥以及连续桥梁结构等地方，在当前我国的桥梁建设当中，预应力混凝土结构是大型的公路建设工程的首选方式，对于公路的整体设计有着重要的作用，在公路建设中使用预应力技术可以有效地起到增加桥梁坚固程度的目的，但同时也会提高工程在施工时的难度。所以为了能够更加便捷地进行施工减少预应力对于工程的影响，应当在公路施工的各个环节中进行深度的改革创新，降低桥梁出现预应力伸缩缝的情况。同时在我国的公路桥梁中，现代的预应力桥梁技术也在不断地完善着自身的技术水平，在过去公路铁路采用的是全预应力型的混凝土材料，但是在当前的公路的建设中大多数已经开始使用部分预应力型的混凝土材料，另一方面，桥梁建筑中的钢筋结构也逐渐地改变为吊筋或者复合式的纵筋等，这些技术上的突破为公路以的桥梁建设提供了相对便利的施工条件，同时也在一定程度上节约的建设施工的成本。

2. 技术设计

在预应力桥梁的建筑中，对于混凝土的使用是其中的关键部分，尤其是混凝土的用量需要有严格的控制，不管是在平时的工农建还是在日常的房屋构建中，一旦混凝土的用量出现了事物，就极有可能对建筑中钢筋结构稳定以及使用年限等产生影响，也就是说，混凝土的浇筑过程是整个建筑工程的关键环节。而从建筑物的钢筋材料出发，钢筋的使用数量以及钢筋价格等因素的变动都会对整个建筑行业的行情产生影响，所以进行逆向的分析，对钢筋材料市场行情的把握管理就是对整个建筑行业行情的把握。所以在进行公路桥梁的建设时，通过钢筋的市场行情的预判与分析就能够在整个的工程中充分地发挥出预应力桥梁的作用。为公路桥梁的建设做出更大的贡献。

3. 变形计算

在预应力桥梁技术的应用中，变形计算也是其中的关键部分，在当前的公路桥梁建设中，通常都是在使用阶段式的施工方法，选择这样的施工方法主要是由于在每一阶段中混凝土材料的建设时期以及相关的数据参数都会不同，而这些不断变化的数据也会对整个工程产生一定程度的影响。所以有很多相关的技术人员都会对这些数据进行计算工作，在目前的公路桥梁建设中，这些计算将针对施工进行一定程度的模拟运算。

4.全预应力以及部分预应力

在公路桥梁的施工中，对于全预应力以及部分预应力的桥梁设计是有着很大区别的，尤其是在现代的公路桥梁设计中，更多的是使用部分预应力的方式，同时通过对部分预应力的合理优化，可以更进一步的降低公路桥梁的建筑成本。

（二）在铁路中的使用

与公路的桥梁建设不同，铁路的桥梁建设有着明显的施工难度，同时铁路桥梁对于我国的铁路建设也起着重要的作用，在铁路的桥梁设计中主要是将预应力施加在桥梁的外侧，在这样的设计中通常都会在桥梁的混凝土部分的两侧建设预应力的钢束结构，而这些钢束会凭借桥梁来起到拉伸作用，为桥梁的部件施加预应力。

总而言之，预应力在我国的桥梁建设中起到了至关重要的作用，尤其是在现有桥梁中，预应力桥梁技术可以起到很好的加固效果，在我国当前的公路以及铁路建设中预应力桥梁有着材料抗压能力均衡，耐久性能强，且造价低廉的优势，在现代的桥梁建设中，预应力桥梁技术的优势可以得到充分的发挥。

第五章 建筑设计的应用研究

第一节 绿色建筑设计理论在建筑物立面
设计中的应用

绿色建筑设计理论是建筑理论的一种，强调降低能耗、提升建筑性能，在现代社会得到了较为广泛的应用。基于此，本节以绿色建筑设计理论应用于建筑物立面设计的价值作为切入点，简述降低建设能耗、提升建筑实用性等优势，再以此为基础，结合实例论述常见设计理论和应用方式，以期通过分析明晰绿色建筑理论优势，为后续筑物立面设计相关工作提供一定参考。

建筑物立面（Building facade），是指建筑和建筑的外部空间直接接触的界面，建筑物立面包括除屋顶外建筑所有外围护部分，其设计发展经历了超过 2000 年时间。现代建筑工艺的进步使建筑物立面设计获取了更多的技术支持，绿色建筑设计理论的影响尤为突出，该理论能够在保持建筑基本功能的同时降低能耗，甚至实现建筑性能的优化。对绿色建筑设计理论在建筑物立面设计中应用进行探讨有一定的现实意义。

一、绿色建筑设计理论应用于建筑物立面设计的价值

（一）降低建设能耗

绿色建筑设计理论的核心优势是降低建设能耗，此前大部分建筑建设过程中未能考虑节能理念，围护结构、热交换系统设计等不尽完善，造成了不必要的能源浪费，在绿色建筑设计理论中，上述问题得到了有效解决。如混凝土结构中常用的再生骨料，施工过程中，如果进行新骨料的筛选、加工，会带来较多的扬尘、机械电能损耗，使用再生骨料的情况下，混凝土性能不会受到影响，但却避免了扬尘和耗电问题，建设能耗得到降低。

（二）提升建筑实用性

建筑的实用性提升，包括建筑整体价值提升以及部分单一功能的改善，传统建筑以满足使用要求为基准，附加价值较小，绿色建筑设计理论的提出和应用，很大程度上解决了这一问题。如广州部分地区广泛应用的水循环系统，将闭路水循环管道置于墙体中，夏季

温度较高时，启动水循环系统，利用水物理性质（主要是比热容）方面的优势，提供少量动力使其持续流动，降低室内温度，有助于节能，也提升了建筑的宜居性。

（三）长期节能价值

现代社会对节能的重视程度越来越高，自 20 世纪中后期德国慕尼黑展开低能耗住宅研究以来，长期节能价值成为考量建筑性能的重要指标之一，也融入到了绿色建筑设计理论中，如围护结构设计。传统建筑往往应用混凝土或者砖瓦结构，虽然能够满足支护需求，但保温效果并不理想，应用复合材料作为夹层，可以有效阻止热交换，如苯复合材料，10-20mm 厚的苯板与传统砖瓦结构相比，能量散失率仅为 8%-10%，有效降低了取暖工作的能耗，实现了长期节能。

二、建筑物立面设计中的典型绿色建筑设计理论

（一）保温理论

保温理论是典型的绿色建筑设计理论之一，其代表包括上文所述的墙体夹层，也包括开放式围护结构材料选取等。如建筑的门、窗材料。20 世纪早期，随着金属冶炼工业的进步，铝合金门窗以较好的刚度特征取代木结构成为建筑门、窗材料主流，但由于金属材料比热容较低，很容易实现热饱和、加快热交换，冬季室内热量也因此大量损失。绿色建筑设计理论提出后，新式的复合材料逐步取代了金属材料，有效保存了室内热量，控制了热交换的速度。

（二）材料二次回用理论

二次回用材料理念最初出现于欧洲，德国学者在慕尼黑进行低能耗建筑研究时，系统、严肃地探讨了材料的二次回用问题，并以混凝土颗粒为例进行了实验分析，在加压实验中，二次回用的混凝土颗粒与制备的新混凝土颗粒在刚度上几乎完全相同。将其作为骨料、制备新的混凝土，取样检测再与常规混凝土进行比较，二者的刚度依然没有出现明显变化，这使得混凝土颗粒进入了回用环节。很快，金属、玻璃、石膏等材料的回用研究也取得了进展，材料二次回用理论逐步被纳入了绿色建筑设计理论中。

（三）散热理论

散热理论与保温理论十分类似，均属于热交换理论的研究内容，不同之处在于，散热理论的追求是进行散热，加快室内热交换的速度。在绿色建筑设计理论中，散热理论也能应用于建筑物立面，较为典型的是竹木建筑的气流循环系统。在我国云南等地，竹木建筑较为多见，由于当地一年四季温度均较高，为快速进行热交换、降低室内温度，研究人员利用高低气压设计了气流循环系统，设计中空墙体，使其与室内存在空气交换渠道，安置小型风机，当温度过高时，启动风机，使自然存在的高低气压气流交换加速进行，快速进行散热。

三、绿色建筑设计理论在建筑物立面设计中的应用

（一）工程概况

选取中科亿方智汇产业园作为分析对象，对绿色建筑设计理论在建筑物立面设计中的应用进行论述。该工程位于深圳市龙岗区平湖金融基地清平高速与平大路交叉口东南侧，中环大道与枫叶路交汇处，44 号地块总用地面积 33075.46m²，总建筑面积 265720.97m²（其中：规定建筑面积 198400m²、核增 7890.51m²），绿化覆盖率 30.90%，容积率 6.0。其中研究办公楼 168700m²，宿舍 20900m²，地上设有 7 栋塔楼及其裙房，地下两层，为平战结合人民防空地下室，平时主要功能为停车库及设备用房，战时为二等人员掩蔽所，地下室建筑面积 59430.46m²，车库停车当量数为 1350 辆。鉴于深圳市夏季存在高温情况，设计上重视材料选取。在绿色建筑设计理论指导下全面完善了建筑立面设计。

（二）核心措施

工程核心措施包括围护结构节能、二次材料应用、散热能力提升三个方面。维护结构方面，外墙采用 200 厚加气混凝砌块，东西向外墙保温采用 10 厚无机保温砂浆，屋面采用 40 厚挤塑聚苯板保温层，外窗和玻璃幕墙采用铝合金 Low-E 中空玻璃窗，部分外窗采用平板外遮阳措施，各朝向窗墙面积比小于 0.70。该设计可以保证室内热量稳定，避免频繁热交换导致室外热空气进入室内。中空玻璃窗增加了散热性能，平板外遮阳则有效避免了阳光直射，使热岛效应得到了一定控制。此外，遵照《建筑外门窗气密、水密、抗风压性能分级及检测方法》（GB/T（7106-2008）规定，门窗气密性均达到 6 级标准，幕墙气密性遵照《建筑幕墙》（GB21086-2007）标准，达到 3 级水平。为降低施工噪音，施工方采用动静分区的原则进行施工，并应用消音器降低了噪声污染。

二次材料的应用方面，围护结构大量应用可以再循环的铝合金型材、玻璃、木材、钢材、石膏制品等，并根据建筑需求拟定了用量。以钢材料为例，工程大量应用防腐蚀能力较强的合金钢材用于混凝土制备，部分轻钢结构也一律换用耐腐蚀钢材，应用比例达到 80%以上。散热能力提升除了依靠围护结构设计外，还通过建筑物立面设计优化进一步实现，外窗的可开启比例 ≥30%，玻璃幕墙的可开启比例 ≥10%，保证了通风效果。

（三）工程分析

结合中科亿方智汇产业园的建筑物立面设计方案，可以发现绿色建筑设计理论的应用范围、方式是宽广、多样的，从材料的选取到工艺的优化，都可以应用绿色建筑设计理论，应用效果方面。设计人员在完成了设计规划后，应用 BIM 技术进行了能耗模拟，结果表明，应用绿色建筑设计理论可以大幅降低建筑能耗，以常规混凝土建筑和砖瓦建筑为参照，三类建筑立面的能耗水平差异明显。其中砖瓦结构建筑的能耗最高，混凝土建筑其次，绿色

建筑设计理论下的建筑物最低，以热量表示，三类建筑物立面每平方米能耗分别为：

0.03217（kg/10³MJ.砖瓦结构）；

0.03029（kg/10³MJ.混凝土建筑）；

0.02283（kg/10³MJ.绿色建筑设计理论）。

通过对比可以看出三类建筑能耗上的差异，能直接了解建筑物立面设计中绿色建筑设计理论的应用价值。

通过分析绿色建筑设计理论在建筑物立面设计中应用，获取了相关理论。近年来，建筑物立面设计中的绿色建筑理念较为多见，可以提升建筑性能，也有利于节能减排，较为典型的理论包括保温理论、散热理论、材料二次回用理论等。应用方式上包括建筑围护结构夹层、再生骨料、闭路水循环系统等。后续工作中，各地应认清绿色建筑理论的优势，并强化应用，降低能耗、提升建筑使用价值。

第二节　环保节能理论在建筑给排水设计中的应用

建筑工程中关于给排水项目的设计建设工作受到了工程人员的高度重视，在保证居民生活基本需求的基础上，更重要的是转变设计理念，引入环保的相关理论和设计思路，重视节能理论在给排水工程建设中的实际应用效果。环保节能的相关标准应该被具体化和规范化，在建筑工程的给排水系统建设中真正体现出保护生态环境以及节能降耗的理念和实际举措，减少污染排放，提高建筑工程节能水平，推动可持续的发展趋势。

建筑工程对于周边生态环境造成的污染和其他不良影响备受人们的瞩目，设计人员也认识到节能与环保的重要性和必要性。在给排水工程建设期间，运用以往的设计方法和施工模式很容易形成大量的污染和资源的浪费，这就要求设计者要基于环保与节能的相关设计原则和方式，改进和优化当前的工程设计方案，做出更为科学合理的设计举措，提高节能技术和材料的应用水平，合理运用环保节能的相关理论，将其与设计实践工作紧密结合起来。

一、环保节能理论与建筑给排水设计融合的重要性

伴随着我国城镇化和现代化进程的不断推进，城市化水平越来越高，在城镇建筑给排水情况中普遍存在着用水量大、浪费严重的问题，深入调查研究发现，我国建筑给排水设计中面临的主要问题是雨水废水利用率低、集水管网压力超过实际承受量、热水循环系统不恰当、给水配件及卫生器具节水性能差、消防储水池设计不合理等。因此，相关部门要出台相关政策号召建筑给排水注重节约用水，贯彻落实环保节约的时代需求，使水资源利用满足安全性和经济性的原则，缓解环境污染和水资源紧张的压力。

建筑工程中要满足用户的基本生活和工作的需求，用水用电是基本需求，尤其是对于

水资源的合理利用成了当前给排水施工建设的重点关注内容。随着保护环境以及技能降耗相关理论体系的逐步完善，内容也更加丰富，科学性与可行性逐步得到强化，应用于给排水工程设计和施工实际工作已经到了该提上日程的关键阶段，关键是要将其与传统的给排水的设计理念相互融合，这样才能既保证各项基本功能作用得以体现，在满足用户基本需求的基础上实现高效的节能与环保，减少水资源的消耗与浪费，防止水污染源的持续扩大和蔓延，也有助于维护建筑物周边的良好生态环境，为用户创造一个和谐的居住和工作的环境。

二、建筑给排水设计中环保节能理念的应用

第一，构建中水回收处理系统。构建合理有效的中水回收处理系统是世界先进国家缓解水资源紧张而采取的主要措施。随着我国水资源紧张局势的不断发展，在一些城市建立了中水回收系统，能够将民用建筑中的生活排水、冷却水及雨水等经过膜处理，综合考虑经济技术参数，将处理后的水回用于道路清扫、建筑施工、城市绿化、卫生清洁、工业补水等杂用水，在不失为最佳处理工艺中水回收系统具有占地面积小，不受设置场合限制；自动化程度高，易于管理；能耗低运行运费低，环保节能，污染小等优点，上海市在污水处理的过程中将 MBR 技术应用于中水回收系统，取得了成功的效果。

第二，对给排水配件进行减压处理。目前我关于实行的有关建筑给排水设计的相关规定中只是从避免入户支管及给排水配件承载压力过高引起破裂或其他损坏的因素来考虑，忽视了给水管网超压出流的情况。因此要在限制和规定给排水配件最大压力的同时，也要对给排水配件进行减压处理，做好超压出流的控制工作，减少在配水过程中的水资源浪费。严格按照相关政策规定设计建筑的给排水工程，高层建筑给水系统采用竖向分区的方式，在各个分区中，除特殊情况外，卫生器具配水静水压力需控制在 0.45Mpa 以内；当超过 0.35Mpa 时，需要及时采取措施，减小水压，提高节能环保的效率。设计时充分考虑和分析给排水减压和超压出流的实际情况，参照排水系统的压力做出合理的限定，以实现节约水资源、减少设备损坏和修理费用等目的，更好的贯彻环保节能理念。

第三，完善热水循环系统。在建筑给排水设计时必不可少的就是热水供应系统，随着人们对生活质量和水平的要求不断提高，对热水循环供应系统也提出了更高的要求和期待。目前大多数集水供应系统由于工艺、施工、设计以及管理等存在着缺陷，仍然存在着浪费问题，因此要根据人们的要求标准、经济发展状况和建筑物的特征综合分析，加强热水循环系统的建造，科学利用太阳能作为热辅助，减少水加热过程中的燃煤污染，实现环保节能的效果。目前太阳能热水系统已经得到普遍推广应用，进一步在楼梯间设置太阳能系统连通燃气燃煤加热设备，能够有效解决阴雨天热水供应不足的问题。

第四，推广使用节水型给排水配件和工具。镀锌钢管长期使用容易生锈，在对水质造成污染的同时，也加速了水管的老化和损坏，用水时要将被污染的锈水放出至清澈才能使

用，这样一来就造成了水资源的浪费。如果在建筑给排水设计中，使用钢塑复合板、铜管、PVC-U 管等，就会有效解决上述问题。同时，在卫生器具以及配水器具的设计建造中，推荐使用螺旋消声的管材，减少噪音污染，同时，选择质量优质、节水环保的设备。如：延时自闭冲洗阀，既可以调节冲洗时间、控制冲洗水量大小又能自动关闭，是一种美观实用又节能环保的卫生器具。

第五，消防蓄水池的设置和加压。当消防事件发生时，往往会出现消防用水余氧量低、水质差、存水需要定期更换的现象。因此，在消防蓄水池的建设中，可以与高层建筑或小区共用加压水泵和消防水池，或者将消防蓄水与游泳池、水景等合用，既不影响生活用水质量和供给，又能有效减少消防存水更换造成的浪费。在完善消防系统过程中，提倡共用性和通用性，要设法提高消防基础设施与其他给排水管道装置的结合使用能力，在一般情况下没有必要单独建立蓄水池和其他配套设施，利用好给排水系统的各种功能设备和装置，不仅可以确保消防安全，还可以减少对优质资源的浪费和过度消耗，提高水资源的综合利用率要合理利用率，将生活对于水的基本需求与火灾特情防范用水结合起来，这是环保和节能理论应用于实际的重要体现，值得推广发展。

综上所述，在建筑物给排水设计的过程中，要与环保节能理念相结合，保持用水质量和用水安全的同时，节约水资源和煤炭资源电力资源的浪费，降低社会能耗总体水平。

第三节　清洁生产理论在绿色建筑设计中的应用

随着国家对生态环境治理力度的增加，绿色建筑已成为建筑行业研究的热点问题。目前，绿色建筑中设计中人员理念与绿色要求、技术与实际应用、建筑材料与自然资源、设计能源消耗与节能降耗等 4 个方面均存在一定程度的矛盾和问题。针对绿色建筑设计存在的问题，主要从设计人员组织、设计技术应用、原辅材料选取设计、能源消耗设计 4 个方面论述了如何将清洁生产的原辅材料和能源、工艺、管理、控制、设备、职工、废物、产品 8 个方面应用到绿色建设设计中，为绿色建筑设计提供思路和理论基础。

中国作为亚洲最大的建筑市场，传统建筑的资源浪费、环境污染问题严重制约着该行业的发展，在满足人们正常健康生活的前提下，做到以节约资源最大化，排放污染最小化，空间利用高效化、适用化，同自然环境和谐化等为特征的绿色建筑将是未来建筑业发展的必然趋势。

绿色建筑设计作为绿色建筑的前期重要工作，其设计效果将决定绿色建筑的施工和使用。清洁生产的目的在于"节能、降耗、减污、增效"，是实施可持续发展的必然选择和重要保障，本节将清洁生产的理念和技术应用到绿色建筑设计中，探究符合我国实际情况的绿色建筑设计。

一、清洁生产与绿色建筑

（一）清洁生产的内涵

清洁生产是指不断采取改进设计、使用清洁的能源和原料、采用先进的工艺技术与设备、改善管理、综合利用等措施，从源头削减污染，提高资源利用效率，减少或者避免生产，服务和产品使用过程中污染物的产生和排放，以减轻或者消除对人类健康和环境的危害。其理念是从原辅材料和能源、工艺、管理、控制、设备、职工、废物、产品8个方面判明废物的产生部位，分析废物的产生原因，提出方案，减少或消除废物，实现经济效益和环境效益的统一。

（二）绿色建筑设计的内涵

绿色建筑设计就是指以符合自然生态系统客观规律并与之和谐共生为前提，充分利用客观生态系统环境条件、资源，尊重文化，集成适宜的建筑功能与技术系统的设计，坚持本地化元策，具有资源消耗最小及使用效率最大化能力，具备安全、健康、宜居功能并对生态系统扰动最小的可持续、可再生及可循环的全生命周期建筑设计。其特点是减少对地球资源与环境的负荷和影响、创造健康、舒适的生活环境及与周围自然环境相融合。

综上所述，为了最大限度地实现节约资源、减少废弃物的产生和保护环境，可从清洁生产的8个方面进行系统设计，应用到建筑设计中，从而实现建筑与生态环境的统一。

二、绿色建筑设计存在的问题

绿色建筑设计主要遵循共生性、反馈性、整体性和可持续性原则，重点考虑自然资源、成本计算、回收利用、方案设计和满足需求5个关键问题，以因地制宜、尊重基地环境、重视整体设计、应用减轻环境负荷的建筑节能新技术、创造健康舒适的室内环境和使建筑融入历史与地域的人文环境为设计要点进行系统设计，但鉴于我国绿色建筑设计起步较晚，存在的一些问题制约了该行业的发展，现对以下几个问题进行分析，以便于对绿色建筑设计有更加清晰的认识。

（一）设计人员理念与绿色要求存在矛盾

绿色建筑设计理念是以人文本，实现建筑与自然的协调统一，而在很多绿色建设设计项目中，建筑师往往以建筑的美学和功能作为主要的设计目标，在设计方案中并未充分考虑自然、环境、地形地貌等因素，其理念与绿色建筑设计理念存在一定的矛盾。虽然会通过绿色建筑咨询顾问审核，但方案在完善过程中也会存在沟通不畅、配合不好等问题，从而造成时间和资源的浪费。

（二）注重先进技术与实际应用存在矛盾

在绿色建筑设计中，绿色建筑技术要求以适宜技术为主，关键技术为重点，将高技术和低技术有效结合，从而在实现绿色目标的前提兼顾实际应用。单纯过分强调高科技、环保技术在绿色建筑设计的中应用，往往会造成技术与实际应用之间的矛盾。例如双层玻璃幕墙技术，在城市绿色建筑中设计中对其进行了应用，但后续的管理和维护，因为缺乏经验而难以达到预期效果。

（三）建筑材料与自然资源存在矛盾

绿色建筑设计要求建筑材料的选取要考虑到建筑的整个生命周期，要在环境容量的允许范围内进行生产和使用。而我国绿色建筑材料往往以牺牲自然资源为代价，特别是不可再生资源，且建筑材料和建筑构件发展滞后，科技水平不高，产业集中度低，容易出现异地取材的现象，造成土地、森林等资源的浪费。

（四）设计能源消耗与节能降耗存在矛盾

绿色建筑设计要求以节能为重要理念，包括建筑材料在生产运输、建筑在使用等过程中进行节能设计。而我国部分地区以"绿色建筑"的口号，但对建筑及周边环境系统的分析研究不够，在设计过程中以满足"绿色建筑"最低限度为标准，设计的采暖、通风、空调、照明设备大部分存在能耗高，区域适宜性差等问题。

三、清洁生产理论在绿色建筑设计中的应用

针对绿色建筑设计中存在的上述问题，按照清洁生产评估的程序，将其理念、技术融入绿色建筑设计中，从而在人员、技术、原辅材料和能源4个方面实现与绿色建筑设计内涵的统一。

（一）设计人员组织

在绿色建设设计中，涉及不同专业的设计人员，如规划、建筑、环保等专业，根据《绿色建筑评价标准》中对技术的要求，各类人员联系都是系统性的。根据清洁生产审核的内涵要求，要求成立清洁生产审核领导小组，故在绿色建筑设计团队中应以一个专业为主，作为组长，进行工作协调，其他专业相互衔接、有效配合。

此外，根据设计需求和《绿色建筑评价标准》的要求，依据不同专业的主导条款和其他专业配合完成的条款，选择不同专业的人员。人员中最基本的应包括建筑设计师、结构、暖通、给排水、电气工程师、景观设计工程师、室内设计工程师、绿色建筑咨询工程师、环境评估人员、工程造价师。按设计和施工阶段，制定各类人员工作计划、职能和质量标准，确保设计的质量。

（二）设计技术应用

在进行绿色建筑设计时，可以结合清洁生产审核中的预评估方法和 BIM 模型进行模拟设计，提高工作效率，降低设计成本。

首先，可以选择绿色建筑设计中的关键指标，如环境污染、节水节能、主要能耗、相关费用等，按照权重总和计分排序法，进行排序，确定出设计关注重点，再由不同专业人员根据重点进行子设计方案优化。其次，方案的优化可以借助 BIM 模型的优势，由于BIM 平台实现了单一数据平台上各个工种的协调设计和数据集中，保证不同阶段数据的准确性。数据应包含绿色建筑需要的相关信息，利用这些信息进行性能分析、设计协同等工作，实现绿色建筑设计平台的建立。最后，在应用中，对设计团队进行扩充与重新分工，优化工作流程，按照"四节一环保"的绿色建筑体系进行分类，在传统流程的基础上，加入绿色建筑要点审核，如概念设计阶段、方案设计阶段、初步设计阶段和施工图设计阶段，模拟设计审核、施工审核和运营审核，完成项目全生命期内的绿色建筑设计与运营。

（三）原辅材料选取设计

清洁生产审核中提出污染物的来源其中一个方面就是来源于原辅材料，主要体现在原辅料不纯或未净化、原辅料储存、发运、运输的流失、原辅料的投入量或配比的不合理、原辅料及能源的超定额消耗等，与绿色建筑理念不谋而合，其要求是就地取材，不对居民的生活、健康产生影响，所以在原辅材料的选择设计中，要充分考虑上述的要求。

在原辅材料的选取过程中，依据清洁生产的理论，需考虑原辅材料的生命周期，即从材料的开发、运输、使用、消亡几个过程进行分析。在开发阶段中，确定系统边界后，进行不同材料的数据收集和分析，按向环境的输出进行数据加总，在满足建筑要求的基础上，选择加总数据小的，即对环境产生危害小的材料；在运输阶段，应遵循就地取材原则，减少运输成本，降低材料在运输中产生的环境污染问题，如尾气、噪音等；在使用阶段，按照物料守恒定律，进行各种物料的配比分析，利用正交实验、响应面分析等方法，确定物料最佳配比方式，减少原辅材料的浪费，造成环境问题；在材料消亡阶段，按照当地环境容量的要求，进行模拟实验，根据材料消亡的速度和产物，进行定量分析，确定其对环境产生的影响，提高建筑环境得到最大限度。

（四）能源消耗设计

建筑物的能耗主要体现在两个方面，一是建筑过程中的能耗问题，二是建筑物在使用过程中的能耗问题。清洁生产理论中提出传统的能源如煤炭、石油等，均为不可再生能源，且使用中对环境污染较大，要求能耗需采用清洁能源，提高能源的使用效率，做到能源的回收利用。

依据清洁生产理论，绿色建筑在设计中，充分考虑建筑物的材料、形体、暖通设计等方面，利用清洁能源或对能源进行回收利用。如在建筑形体、表面系数、采光条件、通风选择等方面进行优化，完成建筑墙体、门窗、屋顶、热缓冲区及有效遮阳等结构的设计，利用太阳能等可再生能源为居民提供光电系统。此外，结合居民用水的需求特点，设计水循环使用系统，如饮用水使用后，经中水系统进行净化，成为马桶用水，或对雨水进行收集净化，进行再利用，使能源效率达到最大化。

绿色建筑设计是一项系统工程，涉及的专业、技术全面、复杂，为了降低建筑物在建筑和使用处、过程中对环境、居民带来危害和影响，在设计时，应按照《绿色建筑评价标准》，将清洁生产理论融入其中，从产品的生命周期进行评价，而不是只考虑其中某一个环节，从人员的选择分工、方案分析等方面入手，选择与环境、居民和谐的原料和能源，这样才能体现绿色设计理念，确保绿色建筑行业可持续发展。

第四节　消防配电设计在建筑电气设计中的运用

现今社会的发展日新月异，从以前的平房，到现在的万丈高楼。不管建筑物如何改变，建筑物的消防问题都是不容忽视的，消防配电设计是消防设计当中重要的一部分，做好消防配电设计可以大大地减少建筑工程中消防的隐患。

消防配电设计总的来说就是把建筑物火灾可能性、火灾导致的生命和财产损失程度降低的设计。按照电压的分类来说，大体可以分为两大类，分别为消防强电设计和消防弱电的设计，以下就这两大分类阐述消防配电设计在建筑电气设计中的运用。

一、消防电气设计中消防强电设计的运用

（一）消防电源的设置

根据消防电源的可靠程度可以分为一级负荷、二级负荷和三级负荷。电源设置不能低于规范所要求的等级。一级负荷必须由两个电源供电，其中一个电源损坏了，另外一个电源需保证正常工作。这两种电源可以是两个不同的电厂的出线引至，也可以是不同的变电站的出线引至，当以上条件难以实现时可以一路由变电站引至，另一路由发电机作为备用电源。二级负荷宜由两回路供电，这两回路必须由不同的变压器出线，当一个变压器损坏，另一个变压器也能正常工作。当实在有困难时也可以由一个 6KV 以上的专用架空线路供电，这里的供电线路采是两条并列的电缆，一条出线问题，另一条也能承担百分百的二级负荷。三级负荷就是除一级、二级负荷的负荷，没有太多的要求。发电机宜采用柴油发电机，应该装有自启动及电源自动切换的装置，并且装有可以手动启动的装置。发电机房的选择宜靠近变配电房附近，不能在卫生间、厨房等潮湿地方的正下方或旁边。

（二）消防用电设备的配电回路设置

消防用电设备应该由专用的回路配电，这里需要在变配电房出线开始就要保证到，要

求消防负荷跟非消防负荷分开回路出线，从而避免非消防负荷出现线路故障导致消防负荷线路出现问题，保证消防负荷正常运作。消防用电设备，如防排烟风机、消防水泵、消防电梯、消防控制室等设备需要末端切换。这就要求两路配电线路引至消防设备的末端配电箱，配电箱内装设双电源切换开关实现以上的要求。

（三）消防电线电缆的选择

当发生火灾时需要电线电缆来保证消防设备的电源能正常供给，电线电缆的选择起到关键的作用。另外电线电缆的不合理选用，不仅起不到阻止火灾的作用，甚至还导致火灾危害进一步扩大，如点燃燃电线电缆中可燃绝缘和护套材料，电线电缆绝缘和护套材料燃烧散发出的有毒气体造成更多的人员伤亡。消防电线及电缆应选用符合国家规范标注的电缆，采用阻燃耐火系列的产品。对于一类高层公共建筑，应采用阻燃低烟无卤交联聚乙烯绝缘电力电缆、电线或无烟无卤电力电缆、电线。消防电线电缆在竖井内设置时，尽量与非消防电线电缆分开管井设置，若同管井设置，电线电缆需要采用矿物绝缘电缆，以减少火灾对消防电线电缆的影响，保证消防电源供电的持续性。

（四）消防电线电缆的敷设

消防电线电缆敷暗敷时应采用金属管如 MT 管或 SC 管或采用 PVC 管保护，敷设在不燃烧体的结构层内，且保护层厚度不宜小于 30mm。采用明装时或敷设在有可燃物的闷顶、吊顶内，应采用金属管、封闭的金属线槽保护。矿物绝缘电缆则可以直接明敷。消防配电干线宜按不同的防火分区配电，消防配电的支线不宜穿越防火分区。消防管线不能穿越风井，或直接敷设在风井的外壁，也是需要穿金属管然后在风管的外壁敷设。

（五）消防的配电方式

电气的配电方式主要有三种，分别是树干式、放射式和链接式。消防的配电建议采用树干式和放射式相结合的形式。树干式配电是由电源引出一条供电的干线回路，多个用电负荷并联在这条供电干线回路上的供电方式。树干式配电的开关及电线消耗比较少，但在干线问题时，会有大面积的停电，供电可靠性低一些。放射式配电是每一个用电负荷均从电源引出专用的供电回路，每个供电回路与每一个用电负荷一一对应，呈放射状的布线，放射式配电的可靠性高，但线路和开关的数量会相比树干式的要多。实际中需要两者结合运用，可以保证电源可靠的情况下令配电方式更加经济合理。

（六）末端消防设备的设置

消防设备种类也是比较多的，就不一一列举，这里主要介绍下常见的几个消防设备设置应注意的问题。

a.应急照明及疏散指示，这类设备设计时应首先结合工程的所需的照度要求布置，其次是要注意疏散指示的距离要求布置，照度不足或超出距离均不利于人员疏散。

b.消防电梯,注意避免消防电梯与普通电梯合用一个回路供电,当两者合用,普通电梯就会影响消防电梯的可靠性,也是给消防救护人员抢救带来了隐患。

c.消防水泵或消防潜水泵,这类设备设置于潮湿的环境中,部分开关会设置漏电,但漏电跳闸会让设备不工作,满足不了消防的要求,所以开关设置为漏电仅报警不跳闸。

二、消防电气设计中消防弱电设计的运用

(一)火灾探测器的设置

火灾探测器可以探测起火的位置,及时传达火警信号给消防控制中心。应结合项目各个房间的功能、高度、环境等。可以有选择地考虑装设感烟、感温、感光等探测器。

(二)消防广播的设置

当发生火警时,消防火播能有效通知处于危险的人员及时疏散,设置时应注意广播间的直线距离不超 25 米,至末端的距离不超 12.5 米。

(三)消防专用电话的设置

消防专用电话用于消防扑救人员通讯,以便消防工作的展开。应该在消防水泵房、防排烟风机房、发电机房、消防控制中心、消防电梯机房等的房间设置消防专用电话。

(四)分励脱扣的设置

火灾时非消防负荷在通电的情况下可能会出现过载,短路等的问题影响消防人员的救援及危及他们的人身安全。所以消防时需把非消防负荷切断,分励脱扣器在当中起到关键的作用。

(五)消防电源监控系统的设置

设置消防电源监控可以实时了解各消防设备的运行状态,可对存在隐患的消防设备及时维护,避免火灾时设备失效的情况。

(六)电气火灾监控系统的设置

这套系统主要是用于监控非消防负荷的漏电情况,能及时了解漏电的位置,尽量避免漏电带来的火灾隐患。

消防配电的设计必须严格按照规范要求设置,其次还要与给排水专业和暖通专业沟通好,按照相关专业提供的资料做好设计,以便顺利完成消防配电的设计。以此减少建筑火灾的隐患及火灾带来的生命财产的损失。

第五节　建筑空间构成元素在建筑设计中的应用

　　点、线、面互相依存、互相组合构成成建筑空间。每个建筑物的灵魂就是建筑空间设计；就建筑物而言，空间设计不合理，既没有生机，也毫无价值。因此，合理的建筑空间设计，构成建筑空间元素的研究必不可少，它是建筑设计的重要组成内容，同时也是建筑空间的呈现形式。本节主要探讨建筑空间构成元素在建筑设计中的应用。

　　随着经济的不断发展以及城市化和工业化路程的不断推进，建筑越来越多，空间构成元素已是目前建筑设计过程中非常重要的一方面，并在建筑设计具有较强的应用效果，发挥巨大价值作用，同时，作为最为基本的构成单元，在很大程度上提高建筑项目设计水平，逐步提升了建筑设计中不同空间构成元素应用效果，这是建筑设计水平得到提升的重要手段，值得设计者进行深入研究与探讨。

一、建筑空间的特点

（一）建筑空间的实用性

　　建筑是人们所建造，将会耗费较多的人力、物力、财力，所以，就应该发挥其应有的作用，满足人们的使用要求。建筑空间的实用性就要求建筑一定要满足其实际用途。比如，住房建筑就要满足人们日常的生活起居，工业建筑就要满足生产需求，写字楼就要满足办公基本条件。建筑空间实用性是一栋建筑最基本的配置，缺少实用性，建筑的存在就毫无意义。

（二）建筑空间的美观性

　　随着时代的改变与发展，人们的审美随着文化、科学技术的发展发生着潜移默化的改变，美观大方、符合现代人的审美就显的愈发重要。建筑空间的美观性是指能够最大程度的满足人们对美观的需求与认同。人们在挑选房子时，不仅仅会考虑房价、房子的方位等问题，还会考虑到房屋的空间格局，以及房子与周围环境之间的搭配，把握好两者择之间的关系对于设计师来说非常重要。

（三）建筑空间的合理性

　　建筑空间除了应该具备实用性，更应该安排合理，方便于人们生活、生产各方面的需求。例如对采光条件要求高的建筑可以使用大的落地窗，同时也可以增加空气的流通性能，使环境与建筑融为一体，浑然天成。

（四）建筑空间的多功能性

　　多功能性是一般住宅小区考虑的一个重要的因素，在建筑空间得到人们基本满足，一些附加功能得到人们的考虑，包括植被覆盖面积、游泳池、健身房、商铺、便民设施等，越完善竞争力才会越强。

二、建筑空间构成元素在建筑设计中的应用

（一）点元素

点元素是建筑设计中空间构成元素的一个重要的体现，在几何学中，点构成线，线又组成面，其中点是最基本的组成部分，空间中的点用于描述空间中特定的对象，类似于长度、面积、体积等。空间中存在一点，周围的空间就会向点的中心集聚，形成凝聚力和向心力。两个点形成一条线，三个不共面的点形成一个面，每一个建筑都会彰显当时的时代特征，具有特殊的作用，山西平遥古城就是一个很好的例子。堡寨的中间是一座市楼，对内镇压群众、对外抵御强敌，以安民心。又如从北京的天安门到神武门之间的"点状"建筑形成了一条完整的中轴线，象征着封建政权威慑天下、至高无上的特点。

（二）线元素

建筑空间构成元素中的线元素在建筑设计中的应用还需要人们不断探索，逐渐提升线元素应用效果，根据线元素自身的特点，展现出线条的流畅性或者曲折感，进而提升建筑的整体感官。对于线元素，应从线元素的具体应用着手，合理规划，根据线元素对边的特性，利用多样的线条类型，设计出个性的建筑物，尤其是高大建筑的辅助结构，或者从建筑整体出发，合理的运用线元素，保证建筑整体完美性。

（三）面元素

几何学中规定三个非同一直线的点构成一个面，两条不重合直线同样可以构成一个面，因此，线跟线之间的数理关系以及线的种类分别可以构成几何形面、不规则面及有机形面等。几何形面具有准确的数理关系，直接由曲线和直线构成，如长方形、三角形、圆形、锥形等，是比较简单的一种面结构。如苏州博物馆，将苏州传统坡顶景观抽象并浓缩成几何图形拼接，既有传统韵味又具现代美感。有机形的数理关系不明确，视觉特征朴素，容易使人产生一种秩序感。巴塞罗那的米拉公寓的墙面凹凸不平，屋脊高低错落，如蛇似海，表达了设计师浪漫主义情怀。不规则形是人为设计的，有意识、故意捏造的人为形态，例如悉尼歌剧院，三组白色壳体建筑相互依靠，展现不同的空间尺度，再具有多种功能的同时也展现了设计师动态的创作灵感。

（四）体元素

体元素是点元素、面元素、线元素在建筑设计工作中的综合应用，具有强烈的应用效果，可触、可感，进一步提升建筑的设计水平，保证建筑满足实际应用的同时兼具合理、美观等特性。因此，对于建筑空间构成元素必须从实用性入手，注重空间结构的实效性，

对体元素的实际应用的价值更要详细分析，尽可能地提升最终设计水平，保证实用性与美观性共存。

（五）光影

光变换无穷，随着时间变化而变化，能够产生戏剧性的变化，产生视觉冲击性，使建筑空间能在一定时间内呈现不同的视觉效果。光可以凸显建筑的形体，使其更加立体分明，凹凸有致，更具深度；同时，也可以使建筑材质具有体积感，使其颜色更加丰富饱满。安藤忠雄所设计的光之教堂把光的作用发挥得淋漓尽致，将建筑与光融为一体，展现了教堂的纯净感与神秘感，同时，将教堂的边缘变得迷糊，仿佛那种光就是建筑本身所散发出来的，照耀着每一位虔诚的教徒。

（六）质感

质感元素在建筑空间设计中同样具有重要的作用，在质感元素实际的应用过程中要主要考虑建筑材料的应用与选择，不同建筑材料质感不同，木质、石材、涂料等的选用不同，体现的效果不尽相同，不仅关系到建筑的视觉美观，与建筑的稳定性和牢固性密切相关。

综上所述，合理的利用每一个建筑空间构成要素是建筑工程设计的关键，科学的分析每一种建筑空间构成要素，使它们的作用和效果发挥得淋漓尽致，那么才能够设计处兼具美感与实用性的现代建筑，才能更好地彰显设计师的设计原则和思想表达。因此，现代建筑设计的过程中一定要综合各方面的要素，结合建筑周围的环境，从空间上使建筑与其融为一体，充分利用先天条件，服务与建筑，进而设计出适合人类居住、办公、生产，而又兼具时代特征的与自然和谐融洽的建筑作品，留给子孙后代。

第六节 基于BIM技术的绿色建筑设计应用

当今绿色建筑的需求不断增加，建筑业发展迅速，传统的建筑设计模式已经很难将它们满足，BIM 技术应运而生颠覆了传统的设计技术方法。基于此，本节从 BIM 的技术优势出发，将 BIM 技术与传统的设计方法作比较，分析出 BIM 技术在绿色建筑中的具体应用，确保 BIM 技术在绿色建筑设计中有序发展。

随着国家节能减排计划的推进，在建筑设计中加入节能环保元素已经越来越重要。绿色建筑就顺应了现阶段这样的环保趋势，受到了很多的重视。传统建筑业的发展是以能源的高消耗量、低利用率作为代价的，传统的建筑设计中对建筑节能方面的考虑很少。绿色建筑指的是在全生命周期中，以最小的能源代价，去营造舒适的建筑环境，达到节约资源保护环境的效果。

一、BIM 技术的优势

BIM 技术的全称是建筑信息模型（Building Information Modeling）。BIM 技术作为一种新型的建筑技术在建筑行业中被广泛地关注。BIM 技术用建筑工程项目的数据作为基础建立模型，模拟出建筑物真实的信息。BIM 技术协作平台可以使建筑设计中的各个专业高效整合、高效协作。BIM 技术中的分析软件可以对建筑进行节能分析，可以优化建筑的环保设计。BIM 技术中的建筑信息模型主要由如下特点：出图、模拟、优化、协调、可视。绿色建筑很重视建筑的全生命周期，BIM 技术可以对建筑进行模型分析，进行全生命周期管理，正好迎合了绿色建筑理念。BIM 技术可以使绿色建筑的设计更加科学，这时提升建筑绿色性能的趋势。早在 2002 年我国的建筑业就引入了 BIM 技术，目前在一些工地以及一些设计公司都有相关应用。我国相对于国外来说，应用 BIM 技术相对较晚，国内的BIM 技术还有很长的路要走。我国已经有了很多 BIM 技术成功应用，例如：上海中心大厦、上海世博会德国国家馆、上海世博会奥地利国家馆、北京奥运会水立方、天津港国际邮轮码头、中央音乐学院音乐厅等等。

二、BIM 技术与传统设计方法的应用比较

（一）日照间距

在进行建筑设计时需要考虑日照间距。对于日照间距的确定方法，传统的公式法是根据公式：$D=(H-H1)\times \cot(h)\times \cos(r)$。其中 H 为前排建筑高度；D 为两建筑物间平地日照间距；h 为太阳高度角；H1 为后排建筑底层窗台高度；r 为建筑墙面与太阳方位的夹角。该公式极为复杂，计算烦琐，当面对复杂的建筑布局时无法进行优化设计和日照分析。那么基于 BIM 的分析法相对于传统的公式法就简化很多了，将 BIM 模型导入到分析软件中，通过替代法进行分析，可以快速地确定日照间距。

（二）采光分析

在室内采光分析中，传统的方法主要通过提高窗户的位置增加采光，或按照现行值反推灯具总功率推算灯具数量，这样采光与预想的会有差异，照明效果受到限制。而基于BIM 的 Ecotect 软件与传统的方法相比效果会好很多。基于 BIM 的 Ecotect 分析在窗户合理位置处置阳光反射板，将太阳光反射进入房间内，使房间深处也可受到阳光照射；另外Ecotect 软件可以模拟灯具布置产生照明的效果给设计师提供设计依据，以达到最好的照明效果。

（三）节能优化

在节能优化这方面，传统的方法都是参考已有的建筑设计案例，有相关人士通过手工

输入将建筑设计的数据输入到专业软件中，进行能量的分析。这样会耗费大量的人力物力，分析结果不能直接反映在模型中，不能及时为建筑师提供依据。而基于 BIM 的 Ecotect 软件可以模拟建筑朝向、分析建筑维护性能对建筑耗能的影响，解决传统方法存在的问题。

三、BIM 技术在绿色建筑中的应用

（一）能源与节能的利用分析

节能与能源利用是绿色建筑评价标准中的重要一项，推动 BIM 技术是绿色建筑发展的必经之路。利用 BIM 模型分析室外太阳的辐射强度和辐射分布，可以优化太阳能设备方案，将可再生能源最大化地利用，还可以分析室内的自然采光，利用自然采光降低对人工照明的能源消耗。BIM 可以结合建筑专业的分析软件进行操作，提高整个建筑的系统性能，促进建立智能化的绿色建筑系统。工程的投资方可以用 BIM 技术对设计布局进行评估。市面上还有很多软件具备及时分析能力，它们可以得到实时的、舒适度、可视度、可视化的光照分析等等，这使得建筑师们可以利用这些软件在建筑施工之间精准的把握建筑各项性能，有效节约能源。

（二）节材与材料利用

如今公共建筑的功能需求逐渐增多，有很多施工的设计方案的设计使不合理的，这样会造成机电管网错乱。BIM 软件设计出来的管网检测功能可以为工程师解决这个难题。BIM 软件中的系统设计非常的只能，可自动找到出现"碰撞"的地方并且加以标明，这个功能可以生成三维模型来避免管网出现碰、错、漏等情况，这样就节约了很多材料。BIM 技术很擅长针对建筑的复杂性和多样性进行分析，这样建筑师就可以用信息技术进行构思，直观的展示设计理念，利用三维模型对建筑进行分析。三维模型可以提供大量的成本预算、经济型体设计等建筑信息给工程。在绿色建筑评价标准中对使用的建筑材料和其还用的百分比做出了详细的要求。传统的计算手法面对建筑材老的相关需求很难准确的计算出相应数据，而 BIM 具有材料统计功能和强大的数据信息，可以快速计算工程项目的材料配比、各类材料需求量是否满足绿色建筑标准中要求。在确定绿色无污染的状况下，可循环的材料应该占所有材料的百分之十以上，可以在 BIM 建筑模型的材料标中查找可提取的材料，确定是否符合环保节能要求。

（三）围炉结构热工性能方面及室内环境分析

在设计建筑方案的过程中，设计人员可以在 BIM 技术建立的三维模型中赋予热功能参数和外围结构。通过软件里的计算功能算出围护结构的热工性能参数，与国家发行的相关标准作比较，判断是否符合国家节能要求。假如建筑没有达到标准，设计方应该做出权衡判断，并且对建筑能量消耗进行计算。权衡的方法主要是用相对应的计算标准当作基础，

片评估其能量消耗状况。对通过信息传到 BIM 模型可以根据热工性能相关数据制定明细表，合理模拟结构的参数，与相关标准做对比，明确科学程度。通过 BIM 可以输出信息，这样呈现的效率和可信度都很高。

基于 BIM 精准的三维模型可以更好地分析建筑室内环境中的光环境、声环境、风环境三个方面。在光环境的室内设计过程之中，通过对光环境的分析，判断建筑一般显色指数、统一眩光值、室内照度等指标是否满足需求。在声环境的设计过程中，预测噪声值，分析室内噪声判断是否达到相应的标准。在风环境设计中，参照绿色建筑评价体系里面的评价方法，设立通风状况的评价标准，在这个基础上设计方案，分析室内的自然通风，调整窗户位置、数量，从而改善室内的舒适程度。

（四）施工及运营管理

现在的一些施工单位才去的运营管理模式是"重建轻管"，这样的运营管理状态很难实现绿色环保的目标。BIM 在建筑策划中取得了很好的效果。BIM 技术可以在建筑项目运营最开支的阶段进行空间数据的分析，判断客户的需求，给出最好的方案，帮助建筑团队做出最好的选择。传统的建筑工程模式中，建筑首先由工程师将头脑中三维的建筑构想用二维的图纸呈现出来，再由施工的人在二维图纸的基础上建造建筑。BIM 是由三维立体模型进行表现的，从最开始的模型就是协调的、可视化的，这样可以直观地看到建筑物建成之后的样子，在以后的工作中若有需要的数据信息，就可以直接从模型中进行提取，这样就将曾经复杂的问题变得简单化了。在建筑施工前，我们可以利用 BIM 提前分析灾害发生涉及的方面，以及模拟灾害的发生过程，提前制定相应的措施。BIM 还可以模拟人员的疏散状况和建筑物的耐燃状况等等方面，使工作人员可以在发生灾害或其他突发状况之前就准备好好救援方案，减少损失赢得宝贵时间。

在现在的建筑工程管理中，施工情况模拟专业性很强，需要专业人士进行操作。很多工程师会使用"甘特图"来表现工程的精度，但是"甘特图"随施工的动态变化有时候表达的并不准确。将 BIM 技术与施工的进度进行结合，可以直观的反应建筑工地的施工状况，有助于对工程的总体资源、质量进行统一管理，这样有利于降低建筑的成本，保证建筑的工期。新型的 BIM 技术可以在网页上进行使用，配合着施工地点的监控，可以使工程师在办公室就能办公。BIM 技术不止体现在建筑的设计、规划等方面，而且还在绿色建筑的运营阶段有所体现，BIM 模型可以结合维护运营系统对建筑的管理制定有效的计划，安置合适的人员进行专项维护。对重点的设备进行跟踪维护，对维护记录进行存档，在遇到问题时可以做出准确的判断。

综上所述，BIM 可以在倡导低碳环保的当下，帮助绿色建筑使用更高效的技术进行建造，减少建筑过程中能源的消耗，节约施工过程中建材的使用，完善施工的运营。BIM 技术帮助绿色建筑走可持续发展道路。建筑行业在运行的过程中应了解 BIM 的技术优势，把握当前我国绿色发展的现状，在绿色建筑中推广 BIM 技术。

第七节　民族传统元素的现代建筑设计应用

中国在五千年的历史长河中逐渐形成了自己的传统文化与民族符号，经过多代人的传承和创新已经发展成为只属于中国的特色元素，根据现阶段的社会现状，如果将这些民族传统元素融入建筑行业中，不仅能够起到传播优秀文化的作用，还可以为其增添特色，推动整个行业的发展。本节将探究民族传统元素在部分现代装饰中的应用价值，以及多种元素在现代建筑设计中的应用方案。

根据近些年来的建筑风格和特色可以看出，随着人们审美水平的提高，对建筑设计的要求也呈现出持续上升的趋势，更多现代建筑的设计师逐渐将目光投向了民族传统元素上，而如何将这些元素通过更加灵活的方式融入设计中是所有设计人员都需要考虑的问题，本节就针对这样的社会现状简单探究应用民族传统元素的价值和应用手段。

一、民族传统元素在现代建筑部分装饰中的应用价值

（一）在屋顶中的应用

屋顶是最能体现出现代建筑风格和设计理念的部位之一，民族传统元素在现代屋顶中的应用可以分为悬山顶、硬山顶等多种风格，为现代建筑提供了多样化的设计思路。传统元素在屋顶中的应用价值主要可以体现在增强屋顶美观程度，能够从一定程度上体现出建筑设计人员的艺术追求和美感，较为常见的一种为利用砖瓦达到美观的效果，另外一种主要是通过纹兽和立体线条共同勾勒出一种艺术的美感，为观赏人员提供美观享受。

（二）在斗拱中的应用

我国的房屋建筑中斗拱相对来说历史较为久远，可以通过历史文献查证的斗拱形式最早出现在战国时期，并经过长时间的发展演变为现阶段的斗拱形式。斗拱相对来说是最能体现出建筑设计人员创新性的一种特殊装饰，并且在古代常常被作为皇族的象征。现今社会中斗拱主要存在于顶梁和柱体之间，能够在支撑建筑以及传导承载力等方面发挥出重要的价值。传统元素在斗拱中的应用相对来说较为严格，需要根据建筑的特点和结构进行整体规划设计，合理的应用能够体现出建筑的艺术特色，在整体建筑风格中占据着极其独特的地位。

（三）在门窗中的应用

门窗装饰是人们在观赏建筑时最直观的体现之一，相关建筑设计人员在这方面投入的精力也相对较大，尽量能够直接体现出自己的建筑设计思路和理念，合适的传统元素能够在最大程度上将设计人员的想法表现出来，为观赏者产生强烈的视觉冲击。传统元素在门

窗装饰中的应用需要考虑到外界环境和内部空间的差异和联系，这样才能更好地融入居住环境中。

二、现代建筑设计中多种民族传统元素的应用方案

（一）传统材料

现今社会中的建筑材料大多为混凝土以及钢筋等，其中掺杂了大量的现代气息，与大自然的联系不够紧密，因此建筑设计人员可以将传统的材料，如原木等用于现代建筑的过程中，能够在较大程度上体现出人们与大自然和谐相处的艺术追求。但是如果只是应用传统材料不仅在建筑稳固性方面达不到现今社会的建筑要求，还难以营造出美观的视觉体验，因此在实际应用中可以通过结合现代建筑材料，如混凝土等，通过两者的有效结合能够大幅度提升建筑的质量和艺术价值，为居住人群提供更加适宜的生活环境。

（二）传统色彩

建筑的色彩是观赏者最直观的感受之一，在现阶段的建筑中占据着独特的地位，设计人员能够通过不同色彩的搭配为人们营造出不同的视觉体验。传统色彩基本上可以分为红色和绿色两大类，红色代表了我国传统文化中对喜悦、吉祥如意的象征，并且根据长时间的发展已经成为人们心中不可缺少的颜色；而绿色象征着人们对大自然的向往，渴望与大自然和谐相处的美好愿望，尤其在陶渊明等田园诗人当中体现得更加明显。因此将红色、绿色等传统色彩在现代建筑设计中应用不仅可以体现出中华传统文化的重要价值，还能为人们营造出健康舒适的居住体验，建筑设计人员可以将传统色彩与现代色彩进行色调搭配，通过更加合理的方式勾勒出极具特色的建筑风格。

（三）传统图案

中国历史中的传统图案一般都代表了特殊的意义，如梅花主要代表了中华民族在困难阶段的骨气，而龙、凤主要象征着人们对于万事如意和权力的向往，而菊花彰显出高雅的艺术追求，因此现代建筑的设计人员在应用传统图案的过程中需要考虑到每种图案代表的含义才能为现代建筑赋予更深层次的内涵，大幅度提升建筑的美观程度与艺术价值。

（四）传统文字

文字是一个民族文化传承的主要方式之一，每一阶段的文字都能够体现出当时的社会背景和人文价值，因此现代建筑设计人员还可以将传统文字作为建筑设计的表现形式之一。传统文字从字体的角度进行划分主要有楷体、篆体、宋体等多种类别，而从形式的角度进行划分主要有楷书、草书等，设计人员可以通过将传统文字元素应用到建筑中不仅能够在较大程度上体现出中华民族的优秀文化，还能够大幅度为现代建筑增添古典文化的艺术气息，为传播中华民族的传统文化发挥出了关键作用。

（五）传统造型

中国上下五千年的房屋建筑发展中在不同的朝代和时期具有不同的造型风格，并且由于中国版图辽阔，在不同的地区建筑造型的风格也存在比较大的差异，呈现出多样化的发展趋势，而传统建筑造型主要可以从房顶和墙身两个方面体现出来。中国的建筑构造一般呈现出对称的美感，因此现代建筑设计人员可以考虑将房顶和墙身按照传统造型元素的方式结合现代建筑理念进行改进，能够大幅度体现出中国的特色。

民族传统元素在现代建筑设计中占据了极其重要的地位，不仅能够体现出中国传统文化的魅力，还能够提升建筑的艺术价值，从而促进建筑行业的发展。但是通过这种方式对现阶段的建筑设计进行改进相对来说难度较大，设计人员不仅需要对民族传统元素所代表的含义进行了解，更要对其代表的文化内涵进行熟悉，通过这样的方式才能将传统元素的魅力发挥出来。

第八节　建筑设计中轴线设计手法的应用

建筑设计手法是根据实际情况予以选择和应用的，其中，轴线设计手法对于塑造建筑空间的层次感、合理安排建筑内部的功能和科学的对建筑进行布局有着重要的作用。基于此，本节从建筑设计中轴线设计手法的应用环境入手，分析了建筑设计中轴线设计手法的实际应用，包括完善建筑内部功能空间和保护城市新老建筑传承。

随着社会建筑水平的不断提高，建筑设计手法在建筑的实际建设中有着重要的地位，其中轴线设计是对对建筑形体的空间进行逻辑组织的重要工具，其设计手法需要我们结合实际进行应用和发挥。研究建筑设计中轴线设计手法的应用，实现轴线设计手法的诸多功能，使得建筑设计适应现代社会技术的审美变化，获得可持续的水平提升。

一、建筑设计中轴线设计手法的应用环境

由于建筑设计中轴线设计手法是根据建筑物所在的地理位置和条件进行设定的，所以对于建筑设计中轴线设计手法的应用环境进行分析十分必要。当设计师对建筑的周边区域进行分析时，会根据分析结果得到建筑设计的思路，从而确定建筑的轴线布局。例如，包豪斯学校的校舍就具有十分强烈的轴线感，尽管该校舍的建筑设计并不是对称的。这种轴线感并非来源于其外观而是其内部设计。从校舍中穿过的街道同时成为建筑的一条轴线，也构成了包豪斯校舍设计的框架，这是结合环境进行建筑轴线设计的经典作品。而在对于实际项目进行设计的时候，我们不仅要考虑该区域内建筑的平面形态，还要对与周边区域的各种环境因素进行调查分析，比如区域内功能模块的分布和景观资源的影响等，对于建筑设计中轴线设计手法的应用环境足够了解，才能使得建筑设计具有科学性和合理性。

二、建筑设计中轴线设计手法的实际应用

（一）完善建筑内部功能空间

建筑设计中轴线设计手法具有实际的应用意义，其中完善建筑内部功能空间就是一项。设计师在设计的时候就做好充足的准备，才能保证建筑内部的功能空间足够完善。轴线是建筑的控制线，即使是不对称设计的建筑也有着一条看不见的轴线，是建筑形体组织的骨架、建筑空间塑造的中心。根据轴线的关系进行建筑设计，可以使得建筑内部的流线更为清晰。每个建筑都有其自己的功能，比如住宅建筑、办公建筑、工业建筑、大型公建和纪念性建筑等，由于每个建筑的功能不同，其内部空间的组织特点也各不相同，这就让设计中使用的轴线形式也各不相同，设计师需要根据建筑的特点来进行空间组织，满足建筑的使用要求。

例如，某市新建一展览馆，功能为对文化、艺术品的展示，它的参观流线组织就是它设计的核心，好的流线组织让观众参观的过程中可以有流畅的参观体验。建筑设计师在设计时是以参观路线为建筑的轴线，利用流线式布局使得展览馆的设计具有良好的功能空间，而其办公区和休息区等则作为辅助空间围绕展示空间布置。轴线设计在建筑设计中起到了一个核心的作用，建筑设计基于轴线设计来进行其他功能区域的分配，轴线设计帮助建筑设计师更好的对于建筑设计有一个框架的规划，在这个框架的基础上进行添加调整，逐步完善建筑的内部功能空间。建筑的功能是为了人服务的，建筑设计也需要以人为本，满足人对于建筑功能的需求，使得建筑的布局更为合理，功能也更加完善，促进建筑设计中轴线设计手法水平的提高，提升建筑行业的设计水平，造福广大人民群众。

（二）保护城市新老建筑传承

建筑的设计并不只是对于单一区域进行设计和规划，还需要结合周边区域的建筑情况来进行设计，保证新建筑在老建筑群中不突兀，让建筑与周围区域的环境进行融合，这就需要使用轴线设计手法来进行规划。保护城市新老建筑的传承是需要设计师在建筑设计时予以考虑的，从而保证建筑设计的合理性和规范性。例如，在对阿城金上京博物馆进行设计时，建筑设计师对金太祖陵墓进行了多方面的考察，通过对地势地形的分析确定了阿城金上京博物馆的轴线基准，让阿城金上京博物馆与周围的金太祖陵墓区域进行融合，使得博物馆的存在不会显得违和，这就是对于老建筑的一种保护和传承。新建筑不会影响老建筑的建设，才是优秀的建筑设计轴线设计手法。

城市建筑形态的维护需要每一个新建设建筑在设计上的配合，利用轴线设计手法将每一个建筑进行连接和融合，使得城市的人文脉络得以保护，对历史、习俗和老市民的记忆也是一种保护，让建筑设计充满人情味，从而适应社会的发展浪潮。城市老建筑承载的不仅仅是历史的痕迹，还有对于文化的传承，但是城市建设的脚步依然不能停止。在这样的

背景下，保护城市新老建筑的传承成了给予广大建筑设计师的课题，建筑设计中轴线设计手法在此得到应用的空间，这不仅能够体现建筑设计师和建筑工作者对于地域建构传承的重视，还能够体现整个社会对于地域建构传承的重视。

综上所述，建筑设计中轴线设计手法具有应用性和实用性，在建筑设计中发挥着重要的作用。轴线设计是建筑设计的核心，是进行后续建筑建设的基础，也代表了该建筑是否具有视觉重心，从而保证了建筑的设计感。轴线设计手法对建筑设计有着宏观调控的作用，充分对建筑设计中轴线设计手法的应用环境进行考虑，将轴线设计手法的精髓融入建筑设计之中，使得建筑建设能够顺利实施。

第九节　建筑设计中概念设计应用

随着国家经济水平的提升以及城市建设步伐的加快，建筑领域在近些年的发展中得到了不小的突破与创新，不仅为国家建设与规划带来了一定的机遇与挑战，还在很大程度上改善着人们的生存环境。近些年来，很多建筑工程都对设计方面的内容进行了深入研究，并对其中涉及的设计理念以及设计要点等进行了进一步的探讨，以此来提高建筑设计水平。本篇文章就建筑设计中概念设计应用进行简单的论述，并提出一些个人观点，希望能对相关人士的研究有所帮助。

概念设计是现阶段建筑工作开展中不可缺少的重要内容，与建筑工程整体设计效果以及结构稳定性有着紧密的联系。在近几年的发展中，很多建筑工程都对概念设计的应用原则和要点研究提高了重视。一方面是由于传统落后的建筑设计方案及理念已经不能满足当前建筑领域发展需要，建筑工程如果不能引用新型设计方案，那么就会间接影响建筑领域可持续发展。另一方面是由于概念设计在应用过程中，会受到一些因素影响而出现问题，需要施工团队能够对其中问题进行及时的分析与处理，保证工程正常开展。

一、建筑设计中概念设计的概述

在建筑设计建设中，对于建筑结构设计来讲，概念设计是指进行建筑结构总体方案设计确定中应用以往的建筑理念以及设计经验，对于设计过程中遇到问题进行处理解决的过程，因此，概念设计也可以理解为应用建筑整体概念对于结构设计过程中可能会遇到的问题进行分析考虑，并从整体上进行解决，以实现建筑结构设计以及总体方案的确定。因此，建筑结构设计中的概念设计可以理解为是通过整体概念形式实现的建筑结构总体方案设计，以及进行建筑结构设计中可能出现问题的宏观评价的选择确定，以实现建筑结构设计质量的保证。

对于建筑结构设计来讲，概念设计能够将建筑结构设计的思想理念进行充分体现。在建筑设计建设领域，建筑结构设计的关键就是要在特定的建筑空间中通过有效的整体概念运用，以完成建筑结构总体方案的设计确立，从而进行建筑结构构件以及结构之间问题的有效解决和处理。

因此，在建筑结构设计中，概念设计通常与设计师的经验阅历有很大关系，往往设计师的经验阅历越丰富，建筑结构概念设计的有效内容也就越多。结合我国当前建筑结构设计的实际情况，结构设计与思想理论之间还存在有相对较大的差距，其中计算问题是当前我国建筑结构设计中最为突出的问题，也是建筑结构设计中概念设计与结构措施需要解决的重要问题。

总之，概念设计作为建筑结构设计中的重要因素，其设计中心就是要求对于建筑结构设计中重要性概念进行理解，以通过整体概念实现建筑结构的设计，因此，对于建筑结构设计来讲，概念设计不仅在进行结构计算以及实际受力问题分析中有着非常重要的作用，并且对于建筑结构施工建设方案的确定也有重要作用和影响，通过概念设计实现的建筑结构设计，能够有效的降低建筑结构设计以及施工建设的成本费用。

二、建筑设计中概念设计的应用

（一）建筑设计方案方面

建筑工程施工设计中离不开设计方案的支持，全面规范的设计方案不仅是建筑工程开展的保障，更是提高建筑结构整体安全的基础条件。虽然在近些年的发展中，很多建筑工程的设计方案都得到了创新与优化，但是在是施工过程中仍然会出现很多细节问题。而导致这种情况出现的原因，与建筑设计理念和设计方式的选择有着很大的关系。

将概念设计应用到建筑设计方案优化过程中，不仅能够对设计方案中存在的不足之处进行及时改进与完善，还能进一步提高设计方案的使用价值。而且，合理应用概念设计，还能间接预防建筑施工中可能遇到的问题，对工程整体安全以及施工效率有着重要的保障。

对于建筑结构设计来讲，建筑设计建设中的协同工作主要是指建筑结构内部相关部件之间的相互配合以及协同作用，对于建筑结构状态与寿命的保证作用。由于建筑结构设计主要包括建筑上部结构设计和建筑基础设计两个部分组成，因此，对于建筑结构设计来讲，其协同工作就是要对于上部结构与基础之间的协同性进行保障。

（二）建筑结构设计方面

对建筑结构进行合理的设计，不仅对建筑整体稳定性与安全性有着重要的影响，还对建筑日后的使用价值、用户的满意程度以及内部空间的合理性有着重要意义。将概念设计合理的应用到建筑结构设计工作中，能够对建筑结构设计进行适当的改进与完善，同时还能对影响建筑结构设计效果的不利因素进行优化处理。另外，合理利用概念设计还能间接降低不必要资源、成本以及人力的浪费，能够提高建筑结构设计的效率，对建筑工程顺利开展有着重要作用。

对于建筑结构设计来讲，如果建筑结构中的构件能够在各种极限状态下实现合理受力，并且结构的安全性与稳定性不受影响，那么建筑结构各构件之间的相互配合与协调是关键，这也是协同工作在建筑结构设计中的应用体现，并且随着建筑设计与建设的发展，协同工作理念在建筑结构设计中也得到不断地延伸和发展，其中以建筑结构设计中上部结构设计与基础设计之间的协同关系最为突出。

（三）建筑设计器材方面

除了上述几点内容外，建筑工程在设计过程中还会使用到很多的材料和设备，而材料与设备的应用会在很大程度上增加工程成本，如果相关设计方案存在问题，还会导致材料及能源资源的浪费。但是将概念设计应用到建筑施工中，能够保证设计器材的合理应用，在最大程度上降低能源资源的浪费，有利于工程的高效开展，也有利于建筑成本的节约。所以需要建筑工程能够对概念设计的应用提高重视，发挥概念设计的真正价值。

另外，在建筑结构设计中，协同工作的程度是随着建筑结构设计材料利用率的不断提高呈现提升变化的，因此，通过提升建筑结构设计材料利用率，在保证协同工作的情况喜爱，也能够对建筑结构设计质量效果进行保障。

如今，很多建筑工程在进行设计工作的过程中，不仅能对概念设计的应用进行全面的了解与掌握，还能将很多其他高效的设计方案应用其中。对于建筑设计过程中存在的难点问题，以及影响概念设计应用效果的不利因素。建筑工程团队也能根据实际情况，对问题产生的原因进行进一步研究，并制定出科学合理的解决方案，提高概念设计的应用效果。但是仍然存在一些建筑工程忽视了概念设计的重要性，导致建筑设计过程中存在这样那样的问题，阻碍工程顺利开展，还降低了工程设计效率与质量。所以在未来的发展中，各建筑工程需要对概念设计的应用提高重视，优化设计方案，这样才能保证建筑工程的顺利开展，为建筑领域发展提供有利条件。

结束语

建筑设计理论在指导建筑发展的方向上有着非常重要的作用。建筑设计理论在一定程度上反映了人们关于建筑现象理解的解释。因此，建筑设计理论具有一定的历史性、相对性和开放性，不是不变的、绝对的和极限性的理论。由此，在建筑设计过程中产生了不少的成功案例，同时也有不少的失败案例。国际上的一些权威机构提出了在建筑学的发展中应当回归其基本的准则原理。即实行贴近国家和地区的发展状况的朴素理论。纵观数千年的建筑发展历程，实用、经济、安全、美观一直是建筑发展的基本准则。

建筑为人们提供、塑造良好的居住环境是其表现出的主要功能。这种功能是根据人们的主观意识在建筑设计的直观体现，要求了建筑设计创作应该掌握居住人群的切实需要，通过社会调查了解使用对象的相关意见和建议，站在他们的立场满足其需求。由于人是共同的生活在一个社会大环境中，所以在建筑的想法是基本相同的，在很多方面都有一定的相通性。所以社会调查能够充分的了解到使对象的总体需求。

建筑的实施是需要有大量的资源和物质财富作为保障。随着今天我国综合国力的不断增强，人们在使用建筑是的各项要求总是在不断地增加，随之出现了这样一系列的矛盾。在一定限度的资源基础上尽最大可能去满足人们的需求，从而导致了资源的稀缺与人类需求的无限性之间的矛盾。这一矛盾意味着该怎样把有限的资源有效合理的利用分配使用，满足不同的社会阶层在建筑方面的多样化需求。我国是一个人均土地资源占有量比较少的发展中国家。因此，我国的住房建筑不可以走西方的部分发达国家的"高物质化、高消费、高消耗以及高污染"的道路。我们一定要把可持续发展战略应用在建筑的发展当中，并且作为一条基本的发展准则。因此在将来不久的之内，我国的住宅建筑规模将会在世界上占据很大的规模。

总而言之，建筑理论在建立经济体系的评价中应当对可行性的研究过程加以重视，把建筑施工的费用加以量化，寻找一个适当的结合点。